沢田 嵐

日本が“核のゴミ捨て場”になる日

震災がれき問題の実像

旬報社

［もくじ］

第4章 〝絆〟の陰で流用される復興予算

はじめに

「事件」は琵琶湖で起きた

滋賀県高島市は琵琶湖の北西に位置する。市内には、「日本のさくら名所一〇〇選」に選ばれた梅津大崎があり、さくらの季節になると、大勢の花見客が訪れる。

二〇一二年四月下旬、遅咲きで知られる梅津大崎のさくらが葉桜になりかけたころ、高島市でちょっとした騒ぎが持ち上がった。東日本大震災とそれにともなう東京電力福島第一原子力発電所の事故から、すでに一年が経過。日本中で渦巻いた「放射性物質」への危機感が、相当薄らいでいたころである。

滋賀県の公式記録によると、「発端」は四月二五日。

この日、高島市内を流れる一級河川・鴨川の河川敷や近隣の民有地で、大型の土のうが七七袋見つかった。中身は木材チップ。鴨川が琵琶湖に流入する付近だったこともあって、住民は「放射能に汚染されているのではないか」との懸念を強めていく。

滋賀県の対応はきわめて遅かったが、半年後、木材チップは福島原発事故で汚染されたものであることがわかってきた。

地元NPO法人の調査では、一キロ当たり約一万二〇〇〇ベクレルの放射性セシウムが検出された。日本政府は原発事故後、一キロ当たり八〇〇〇ベクレル以上の放射性廃棄物を「指定廃棄物」というカテゴリーに指定し、指定廃棄物はその都道府県内で国が責任を持って処分する方針を打ち出している。

NPO法人の調査どおりならば、高島市の木材チップは「指定廃棄物」であり、国が処理しなければならない。しかもチップ総量は約五八〇平方メートルにも上った。一メートル四方の汚染チップが五八〇個も存在する計算である。しかし県の調査では、汚染は一キロ当たり一八〇〜一三〇〇ベクレルとされた。

NPO法人の調査では通常使用する乾燥状態で木材チップを測定したが、県の調査では台風後の雨水を多く含んだ状態で測定したため数値が低くなったのだ。

まるで「指定廃棄物」にならないように測定を工夫したかのような対応だった。

この問題はやがて、刑事事件に発展していく。

木材チップを琵琶湖近辺にまで持ち込むことに関与したのは、東京のコンサルタント会社だった。地元の市民団体や滋賀県知事は、関係業者を河川法違反、廃棄物処理法違反で警察に刑事告発し、業者も逮捕された。

ところが、二〇一四年一一月の初公判で、衝撃的な事実が明らかになった。

検察側の冒頭陳述によると、業者は放射性物質に汚染されて売れなくなった木材チップの処理を福島県の製材会社に持ちかけ、チップの処分や東電への賠償手続きの代行などを担った。賠償金は四億円に達し、業者の粗利益は一億円に達したという。それだけではない。福島県外へ運び出された木材チップは、高島市だけでなく、関東の栃木、千葉、山梨の各県、九州の鹿児島県などにも運ばれた、と検察が指摘したのである。

「放射性廃棄物ビジネス」「賠償ビジネス」

そう名付けたくなる特殊な事件ではあったが、全国のあちこちに福島原発事故に由来する放射性廃棄物がばらまかれる恐れも浮き彫りになった。

もう一つ、別の「事件」にも触れておく。

二〇一三年一月末、鳥取市内でも放射性廃棄物が見つかった。各紙の報道によると、発見場所はJR鳥取駅から東へ約四キロの山中。市道脇の斜面に二〇リットル入りの金属缶一〇個とビニール五袋が投棄され、その上に土のうが置いてあったのだという。投棄物からは毎時二二〜二四マイクロシーベルトの放射線量が検出された。自然界での検出量のおよそ二〇〇倍である。

廃棄物にはコンクリート片や資材の破片、粘着テープなどが含まれていたようだが、滋賀県高島市の事件と違って、鳥取市のケースは廃棄物の所有者も投棄した者もわかっていない。したがって、福島原発の事故による汚染かどうかも、現時点では不明である。

鳥取県と鳥取市などはその後、現場周辺を立ち入り禁止とし、二四時間態勢での監視を始めた。監視カメラも新設し、不法投棄への対策を強めている。

しかし、この放射性廃棄物はだれがどう処理するのか。

不法投棄を働いた人物も放射能汚染の出所もわからない以上、現行法の枠内では対処できない。このため、発覚から一年余りが過ぎた二〇一五年二月、鳥取県の平井伸治知事は放射性廃棄物を処理するための新たな法整備を国に要望したという。

「事件」や「震災がれき広域処理」の底流で

滋賀、鳥取の両県で発覚した「事件」は、いったい何を物語っているのだろうか。

じつは、双方の事件の背後には、別の大きな問題が潜んでいる。それは、特殊な「事件」によらなくても、原発事故後の法律制定や制度の改訂などにより、日本列島の各地が「核のゴミ捨て場」になる可能性が膨らんでいる、という事実だ。

本書は「震災がれきの広域処理」をめぐって起きた各地の反対運動を通じて、日本列島の全域が「核のゴミ捨て場」になる可能性を明らかにすることに大きな目的がある。滋賀県のような特殊な「事件」が起きなくても、それは着々と進行しているのだ。

東日本大震災から一年余りが過ぎた二〇一二年春、日本では「みんなの力でがれき処理。」という大キャンペーンが繰り広げられた。

その一例として、同年三月六日の朝日新聞朝刊を掲げてみよう。見開きの両面広告は、がれきで埋

2012年3月6日付の朝日新聞（朝刊）に掲載された全面広告

め尽くされている。まさに「がれきの山」である。

これは環境省が所管する広報業務の一環だった。この新聞広告が載った二〇一一年度、政府はがれき処理の広報業務を大手広告代理店に業務委託し、約九億円を支払っている。両面広告が載った時点では、「がれきが多すぎて現地で処理できない。全国各地で処理を引き受けてほしい」と政府は大キャンペーンを張ったのである。

そのわずか二ヵ月後、事態は急転回した。がれきの総量が大幅に下方修正され、大量にあったはずの震災がれきが「もうない」とされたのである。そして宮城県は新たな広域処理は不要と発表した。

当初、がれきの現地処理には二〇年近くかかる、と言われた。だから絶対に広域処理が必要だ、と言われていた。それがあっという間に収束し、広域処理の必要性は消し飛んでしまったのだ。

なぜ、こんなことが起きたのか。

筆者が住んでいた愛知県では、市民運動などまったく未経験の住民たちが「震災がれきの広域処理」に疑問を抱き、各地で活動をつづけた。やがて住民たちは、情報ネットワークでつながり、お互いに情報を交換しながら、運動は列島各地にも広がっていく。そのなかで、政府・環境省がいったい何をやろうとしているのかが、じわじわと見えてきたのである。

愛知県、半年で受け入れ断念

本論に入る前に、愛知県の状況を振り返っておきたい。

二〇一二年八月二三日、愛知県の大村秀章知事は、県内で「がれきの受け入れはしない」と正式に断念を発表した。がれき受け入れ計画を発表したのは、その年の三月一八日。それから、わずか半年しか経っていなかった。

がれきの広域処理については、付着する放射性物質の拡散を多くの住民が心配し、原発事故後、間を置かずに安全面での問題点を指摘していた。

一方の政府はどうだったか。

二〇一一年度の約九億円につづき、一二年度も三〇億円の広報予算を確保した。その巨額資金を使って、マスコミを総動員するかたちで大宣伝を繰り広げた。「被災地復興のためには広域処理が欠かせません、みんなの力でがれきを処理しましょう」という内容だ。

「年間九億円」「年間三〇億円」は大プロパガンダである。

大宣伝の威力はすさまじい。

広域処理に反対する住民たちは、「脱原発」の一部グループからも「過激な反対派」「身勝手な連中」と批判されもした。「絆」を断ち切ろうとするとは何ごとか、といった「絆ハラスメント」は今でも消えていない。

それでも、住民たちは粘り強く活動をつづけた。おかしな点に気づけば、情報開示請求して事実を明らかにし、数多くのデータから広域処理の問題点を明らかにしていった。

放射性物質に関する安全面だけではない。

行政手続き、関係法令、予算……。

がれきの広域処理をめぐる「歪み」は、あらゆる局面で吹き出した。

こうした問題点について、環境問題にくわしい池田こみち氏（環境総合研究所顧問）は「がれき広域処理施策の課題と総括」と題する論文の中で、端的に、かつ厳しく、政府の姿勢をこう指摘している。

「自分たちの不作為や不行き届きをそのままに、依然として『広域処理が必要である』と広告代理店を使ってキャンペーンをつづけることでがれきの処理が進むはずもない」

池田氏はさらに、被災地でがれきの処理が進まない理由について、以下のような理由を挙げた。

「杜撰ながれき総量の推定」

「仮置き場の立地選定の拙さ」
「仮置き場搬入時の分別不徹底」
「仮設焼却炉のスケジュール管理の拙さ」
「被災地処理施設の不活用」

そして、広域処理が破綻した理由をこう結論づける。

円滑に処理するためのさまざまな方法に目を向けず、広域処理ばかりに固執した「環境省の杜撰ながれき処理計画」が最大の原因である、と。

被災地で強く要望されていた「命の森の防潮堤」や「津波記念公園」のように、がれきをそのまま埋める施策を早くから採用していれば、処理問題はもっとスムーズに運んだはずである。

しかし、環境省は広域処理にこだわった。こだわりつづけた。

そして結局、受け入れ自治体と契約した特定のがれきしか持ち出すことができなくなった。そのために手作業でがれきの山を分別し、逆に、処理が遅れてしまう原因をつくってしまった。

問題は、環境省がなぜ、広域処理にこだわりつづけたか、にある。

環境省のプロパガンダ

住民が情報開示請求を行い、環境省が公開した公文書の束がある。

それをひもとくと、環境省の「こだわりの理由」が見えてくる。

二〇一二年三月、環境省は、震災がれきの広域処理について「戦略的に普及・啓発を実施する」ことを目的として、広告代理店に広報業務を委託した。

委託に際しては、競争原理によってコスト低減が期待できる一般競争ではなく、随意契約の一種である「企画競争」によって委託先の業者が選定されている。

事業を請け負った広告代理店は環境省に対し、見積金額を提示した。

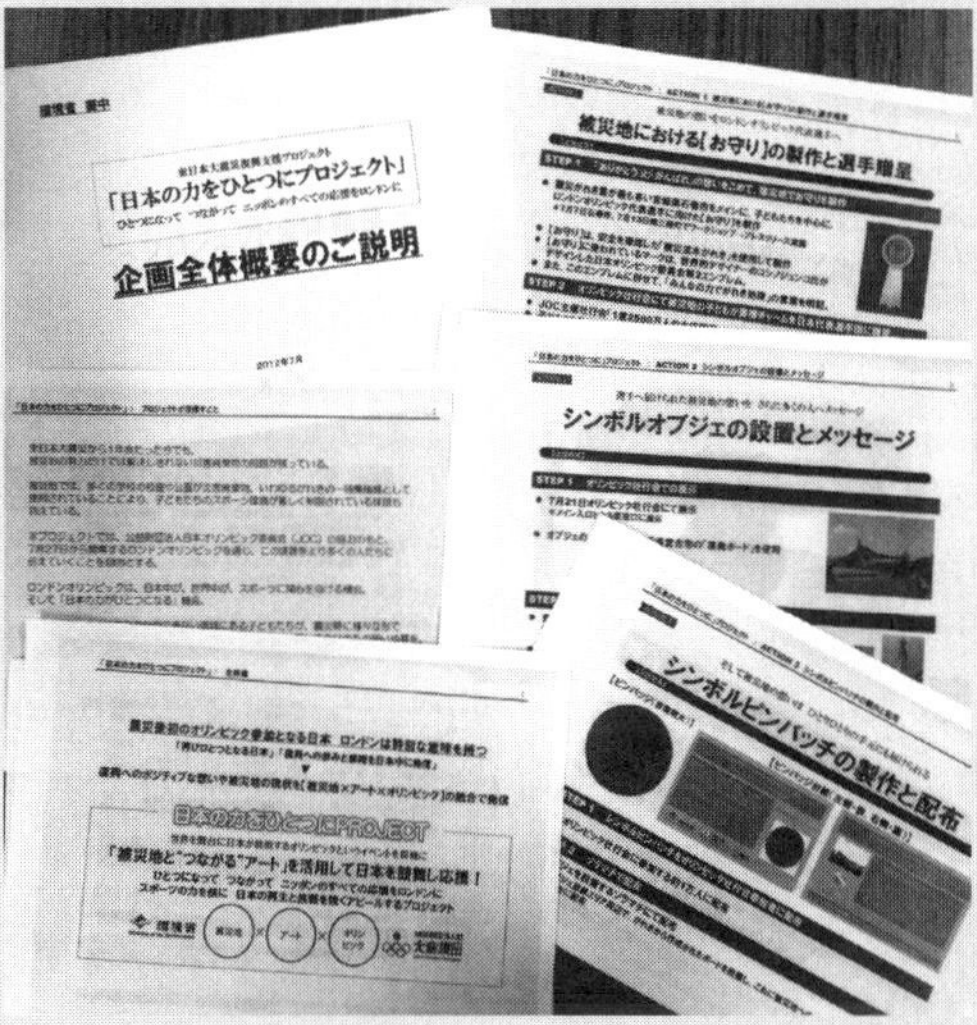

広告代理店が環境省に提案した広報業務企画案。予定価格15億円に対し、見積金額は14億9998万2657円。差額は2万円足らず、99.9988％の高落札率だった

予定価格一五億円に対し、見積金額は一四億九九九八万二六五七円。二桁の億という巨費にもかかわらず、その差額は二万円足らず。率に直せば、なんと、九九・九九八八％になってしまう。まさに上限ギリギリの数字である。

委託費の内訳を見てみよう。

人件費だけで五億円。契約金額一五億円の、じつに三分の一を占める。仮に、この人件費分を全額、被災地で使ったとしたら、どうだろうか。一人当たりの年収を五〇〇万円としても、被災者を一〇〇人も雇用できる。

おかしなのは、金額だけではない。

委託業務の内容をみていくと、「がれき処理の円滑な運用に絶対欠かせない業務」とはとうてい思えない内容が並んでいる。

この委託業務は大きく分けて、六つの内容で構成されている。

「環境省業務支援」

「被災地（岩手・宮城）の視察支援」

「住民説明会支援」

「『みんなの力でがれき処理』プロジェクトの実施」

「広域処理に関するweb広報」

「メディア（新聞等）を活用した広報」

この取り組みの一つとして、二〇一二年七月に広告代理店が環境省に提案したのが「日本の力をひとつにプロジェクト」だった。

仕様書から読み解くと、このプロジェクトは「復興へのポジティブな想いや被災地の現状を【被災地×アート×オリンピック】の融合で発信」することを目的として、「『被災地と〝つながる〟アート』を活用して日本を鼓舞し応援！」する政府の広報事業である。

具体的にはどんなメニューがあったのか、並べてみよう。

「被災地における【お守り】の製作と選手贈呈」

「シンボルオブジェの設置とメッセージ」

「シンボルピンバッチの製作と配布」

「オブジェ前におけるフォトセッションの実施」

そのまま埋めて処理すればよい「流木がれき」を、わざわざ世界的デザイナーを使って「お守り」や「ピンバッジ」につくり替えようという取り組み。

がれきを早く処理してほしい、という被災地の切実な要望とはかけ離れた事業を、環境省と広告代理店が進めていたのである。

まるで復興予算のばらまきが目的としか思えない。

がれき総量の見直し以後

環境省と広告代理店が主導したプロパガンダと並行して、別の問題点も噴き出した。

被災地でがれきの総量を見直した二〇一二年五月以降のことである。

津波被害を受けた土壌を「不燃物」としてカウントする「がれき総量の水増し疑惑」。大手ゼネコンとすでに契約済みのがれきを、北九州まで運んで試験焼却する「二重契約疑惑」。これらの問題は九州にまで広がり、次から次へと浮上した。これらに対し、がれきの受け入れに反対する住民たちが、北九州市と宮城県を提訴する事態にまで発展している。

そうした最中の二〇一二年八月七日、環境省は震災がれきの新たな処理行程表を発表した。

可燃物については新たな受け入れ自治体との調整は行わない、不燃物については岩手県の漁具・漁網八万トンと宮城県の不燃混合物四三万トンについてのみ今後の調整が必要、というものだ。

しかし、すでにこの時点では、不燃物を広域処理する必要がないことも明らかだった。

それを示すデータが環境省のホームページに掲載されている。「一般廃棄物処理実態調査結果」のデータによれば、宮城県と岩手県を合わせた最終処分場（不燃ゴミ処理場）の残余量は、二〇一二年六月公表のデータで合計で六〇〇万トン以上もある。とくに、宮城県の県民一人あたりの残余量は日本一だ。

それなのに、どうしてわざわざ不燃物を遠くへ運び、「広域処理」する必要があるのだろうか。

東日本大震災から四年が経過した。

二万人強の人が津波にのまれて犠牲になったばかりでなく、日本を根底からひっくり返すような事態が相次いだ。とりわけ、東京電力福島第一原子力発電所の事故は、すさまじい影響を引き起こし、今も「原子力緊急事態宣言」が発令されたままであり、万単位の人びとに避難生活を強いている。同時に、原発から遠く離れた土地に住む人びとにも「日本や日々の暮らしはこのままでいいのか」を問うた。

「震災がれきの広域処理」も、その一つだ。

がれき処理をめぐっては、各地で住民たちが疑問を抱き、行政や政治に疑問や異議を唱えた。実際に声を上げたり、行動したりした。

本書では、愛知県を中心に、そうした住民たちの記録と、さらにいくつかの地域からも実情と経験を報告してもらった。それと同時に、先述したとおり、本書では「放射性廃棄物がこの先、全国にばらまかれるかもしれない」という点も取り上げた。

なぜ、そんなことが起きようとしているのか。「国策」という強大なものに押しつぶされそうになったとき、普通の住民はいったいどうすればいいのか。それらを考える手がかりに、と筆者は考えている。

第1章

「震災がれき広域処理」とは

川崎市、十分な検討もなく受け入れ表明

「震災がれきを全国で受け入れよう」

「みんなで東北を助けよう」

そうした声が震災後、日を置かずに広まった。

震災がれきの受け入れを全国で初めて表明したのは川崎市だった。震災から間もない二〇一一年四月七日、阿部孝夫川崎市長(当時)が福島県を訪れ、震災がれきを川崎市で受け入れて処理したい、と表明したのである。

なぜ、川崎市が最初だったのか。

市長の出身地が福島県だったからか。

理由はともあれ、阿部市長の受け入れ表明直後から、がれきに付着する放射性物質の汚染拡散を心配する住民から川崎市に対し、問い合わせや抗議が相次いだ。その様子を読売新聞は「『放射能汚染ゴミ』 誤解の苦情」(二〇一一年四月一四日付・朝刊)として伝えている。

「川崎市の阿部孝夫市長が東日本大震災で大量に発生した災害廃棄物を受け入れる方針を表明したところ、『放射能に汚染されたゴミなど持ってくるな』という苦情が市に殺到する事態になっている。市は一三日、『放射能汚染が確認された廃棄物を持ち込むことはありません』とする説明をホームページに掲載するなど、対応に追われている」

記事によると、一三日午前までに電話や電子メールによる苦情は約一七〇〇件に達したという。川崎市民だけでなく、東京都など近隣地域からも苦情が殺到した。当時は、野菜や野積みされていた稲わらなどから高濃度の汚染が見つかったことが次々と報道されていた時期である。「野積みの震災がれきも同様に汚染されているのではないか」と市民が思うのも当然だった。

福島県から川崎市まで、どうやってがれきを運搬するつもりだったのか。

当時の報道によると、阿部市長は訪問先の福島県で、「被災地の粗大ゴミは、貨物列車で運搬し、川崎市内の処理施設で焼却する。すでにJR貨物と調整を進めている」との趣旨を語った。「福島県は地震、津波、原発、風評被害の『四重苦』に苦しんでおり、(福島で育った)自分も身を切られる思い。早期復興に役立てれば」とも強調したという。川崎市には二〇〇四年の新潟中越地震の際、柏崎市の粗大ゴミを列車(コンテナ)移送し、処理した実績もある。さらに阿部市長は、福島県だけでなく、宮城、岩手両県からの要請があれば、これにも応じるとの考えを示している。

ところで、放射能汚染された廃棄物は低レベルであっても特別な管理と処理が必要だ。その点を川崎市当局はどう判断していたのだろうか。

このころ、川崎市の担当者は市民の問い合わせに対し、「放射能を測定して問題のない廃棄物だけを受け入れる」と回答していた。しかし、この回答だと、「低レベル(基準値内)であれば放射能汚染された廃棄物を受け入れて処理する」とも解釈できる。一方、新聞報道では、川崎市の立場として「放射能汚染が確認された廃棄物を持ち込むことはありません」という内容が示されている。

「測定して問題のない廃棄物だけを受け入れる」と「放射能汚染が確認された廃棄物を持ち込むことはありません」。双方の見解はニュアンスが異なるのではないか、どちらがほんとうなのか、と市民は困惑したに違いない。

　この問題には、最初から「市による情報提供不足」が横たわっていた。それを端的に示しているのが、川崎市長と福島県知事の会談を受けて四月八日に公表された川崎市の「報道発表資料」である。驚くべきことに、この資料には、放射性廃棄物の扱いについて検討した形跡がどこにも見当たらない。それどころか、四ページの資料のうち三ページにわたって市長の写真を載せていた。

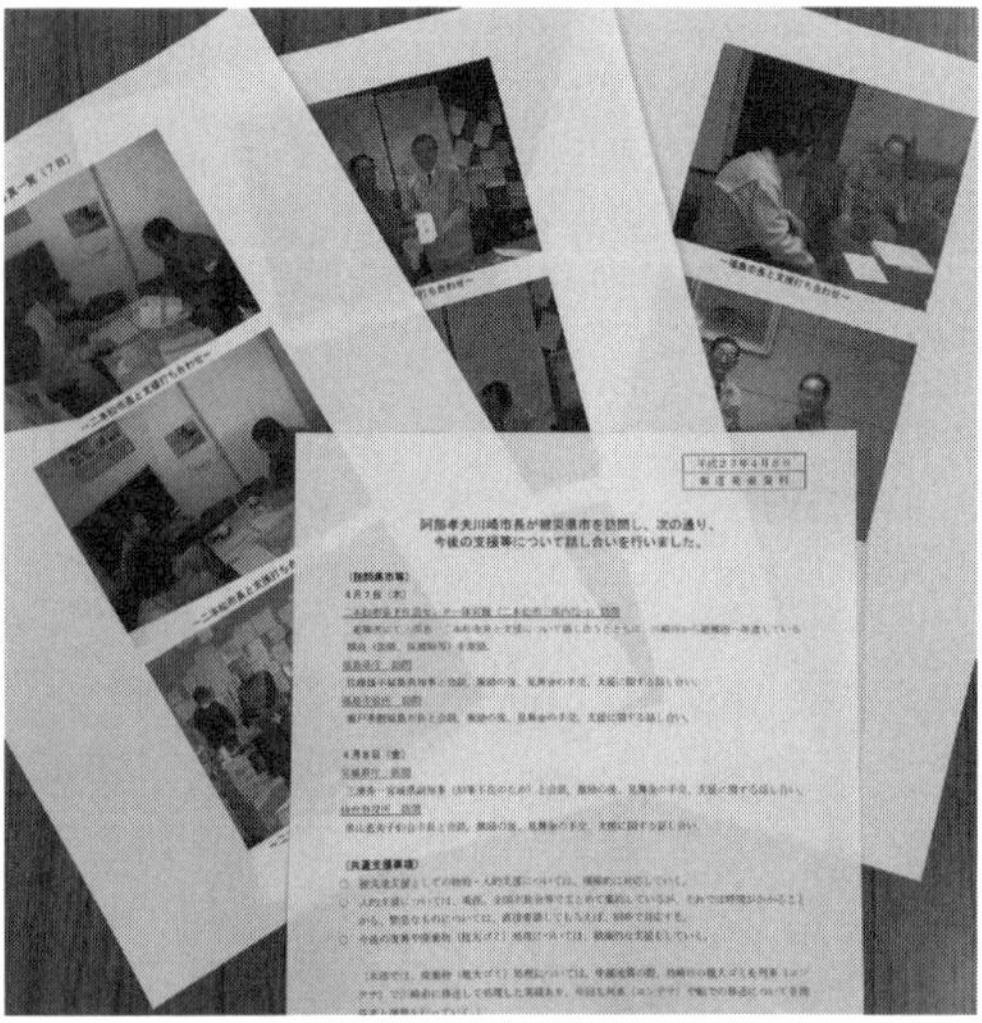

2011年4月8日に発表された川崎市報道資料。「今後の復興や廃棄物（粗大ゴミ）処理については積極的な支援をしていく」と書かれいる。4ページの資料の3ページが市長の打ち合わせ写真

　市民の苦情が一七〇〇件に及んだのも当然だったといえよう。

　最初の受け入れ表明から一週間が過ぎた二〇一一年四月一三日、川崎市は「市の見解」を追加で発表した。市民の不安に対する回答の意味合いがあった。

　この見解では「具体策は何も決まっていな

い」（市民情報室）と断ったうえで、「放射能を帯びた廃棄物については、低レベルであっても、移動が禁止されておりますことから、本市で処理することはありません」と明示した。「四月内にも移送を始める」という当初方針も大きく後退したのである。

ただし、この見解においても、「どのような方法によって廃棄物の汚染濃度を測定するのか」「またその基準値はいくらか」といった肝心の情報については何ひとつ明らかにしていない。

この間の経緯について、川崎市の嶋崎嘉夫市議（自民党）はツイッターで「私は昨日（四月一二日）見直しを求めました。協議の結果、受け入れは中止となりました」と告発している。

放射性廃棄物の扱いについて何も検討しないまま、安易にがれきの受け入れを表明した市長。市長の指示を受けて、「市で処理します」と安易に発表した川崎市。

そして「普通のゴミ処理場で放射性廃棄物を処理するのは問題ではないか」との指摘が押し寄せるなか、あわてて新たな「見解」を出し、「放射性廃棄物の処理は当初から予定していないので冷静に」と発表したのであろう。

一連の川崎市の騒動は、行政のミスだったと言ってよい。そうでありながら、行政の不備を指摘した市民に対し、市は「誤解してクレームする市民が多くて困る」と報道機関に説明し、責任転嫁しようとしたのが、川崎がれき騒動のほんとうの姿だろう。

この間、市民の不安や苦情に対し、マスコミ報道は「放射性廃棄物を川崎市に持ち込むという事実誤認によって、市民の苦情が殺到している」という見方を崩さなかった。「デマに踊らされた市民」と決めつけたわけである。市民の不安や苦情が「デマに踊らされている」とされ、そうした声を上げる市民が「悪者」にされていく。福島原発をめぐって後に種々の局面で繰り返されるこの構図は、すでに震災翌月の川崎市でも見られたのである。

放射性廃棄物の処理は、解決すべき課題が山積みである。

事前の調査や法制度の研究などを疎かにしたままで実現できるほど簡単な話ではない。

実際、環境省は二〇一一年五月、「災害廃棄物安全評価検討会」という有識者会議を立ち上げ、議事録を公開しないまま(現在は第八回~第一一回を除いて公開中)、放射能に汚染された廃棄物の処理について密室での検討をすすめる。

その議論に基いて政府は同年八月になると、震災がれきを広域処理するために必要な特別措置法を国会に提出した(この法案は、政府の有識者会議で内容を検討していたが、なぜか議員立法として国会に提出された)。

法律は成立したが、これが後々、大問題になる。

この特別措置法こそが、放射能汚染された廃棄物を全国の一般廃棄物処理場(家庭ゴミ処理場)で焼却し、埋立て処理するための根拠法になったからだ。

特別措置法は、震災がれきだけでなく、除染廃棄物も対象にしている。さらに今後は原発の廃炉作業にともなう廃棄物にも波及してくるだろう。

つまり、日本列島のいたるところが「核のゴミ捨て場」になるかもしれない、重大な内容を含んでいる。「脱原発」を考える人びとだけでなく、全国の住民が知っておくべき問題なのだ。

愛知県も「受け入れ」表明

川崎市での騒動がつづいていた二〇一一年四月、愛知県でも同じような動きが出ていた。

大村知事ががれき受け入れを表明したのは、川崎市よりやや遅れた四月二五日だ。定例記者会見の席上、愛知県内で受け入れを検討すると発言したのである。

「節電への御協力をよろしくお願いいたします」

写

環廃対発第110408001号
平成23年4月8日

新潟県知事　泉田裕彦様

環境副大臣　近藤昭一

東日本大震災により生じた廃棄物の受入処理への御協力について

この度の震災によりお亡くなりになられた方々に対し衷心よりお悔やみを申し上げますとともに、被害を受けられた被災者の皆様方に対して心よりのお見舞いを申し上げます。

また、多くの地方公共団体の皆様には多大なる御支援をいただき、感謝申し上げます。

さて、未曾有の規模で起きたこの度の震災よる被害は甚大であり、膨

2011年4月8日に近藤環境副大臣が各都道府県知事宛に送った協力要請

これに先立つ四月八日、衆院の愛知二区選出で名古屋市出身の近藤昭一環境副大臣が、各都道府県知事に対してがれき処理の協力を要請していた。

その後の四月二二日、大村愛知県知事は宮城県を訪問して村井嘉浩知事と会い、がれき処理に「最大限協力する」と正式に表明している。

報道で大村知事発言が伝わると、愛知県にも苦情や抗議が殺到した。

じつは川崎市の場合と同様、愛知県も受け入れに際し、「放射能に汚染されたごみが持ち込まれることは

ない」と説明するだけで、受け入れ基準や処理方法など、具体的な内容を説明してない。

中日新聞は四月二六日朝刊で「『放射能怖い』愛知で苦情殺到　がれき受け入れに波紋」という見出しの記事を掲載した。

しかし記事をよく読むと、県に寄せられた苦情は「放射能怖い」ではなく、「放射能を拡散させるな」だったことがわかる。

具体的な内容を明らかにしないまま、受け入れのみ既成事実化しようとする政府や愛知県に対し、住民たちが行政の不備を指摘しただけであり、この点もまた川崎市と同じだった。

二〇一二年七月、愛知県で運動始まる

筆者は、川崎市でがれき騒動が始まったころから、この問題に注目していた。

愛知県で同じ問題が浮上すると、放射性がれき拡散反対のチラシをいち早く作成し、インターネットを中心に問題点を訴えつづけた。

ほどなく、インターネットを見た住民から筆者に「一緒に運動したい」と連絡が届くようになった。

「住民たちと協力し、広域処理の問題点を広く訴えよう」

「何から始めようか」

話し合いの末に得た答えは「地方議員」である。住民の代表である地方議員を通じて、私たちの要望を行政に反映させよう、という作戦だ。

ただ、問題はあった。

がれきの広域処理は、自民党から共産党まで与野党全ての政党が支持していた。いわば、大政翼賛的な政策であり、働きかける政党を選んでいたら、私たちの代弁者になってくれる政治家はいなくなる恐れがあった。

私たちの仲間はみんな無党派層である。特定の政党や政治勢力を支持するグループではない。

結局、結論はこうだった。

「与野党、会派にかかわらず、対応してくれる全議員と面談を重ねよう」

「住民の代表である地方議員を通じて、私たちの意見を行政に反映させるには、それしかないのだから、政治家個人の良心に訴えよう」

まず、仲間の一人が「愛知県瓦礫受け入れ問題」のホームページを開設した。次に、ツイッターアカウントを持つ愛知県内の地方議員三三名に、私たちがつくったチラシや要望書を送付し、問題点を訴えた。

返信をくれた議員は八名である。そのうち、冨田潤議員(豊川市)、岡田耕一議員(豊田市)、門原武志議員(東郷町)は、その後も私たちの運動を積極的に応援してくれることになる。

当時、放射性がれきの問題を正しく理解している住民はごくごく少数だった。「広域処理」そのものを知らない人も多かった。

いったい、どうすれば、脱原発運動のような全国的な運動に広げることができるのか。

どうやったら、この問題の認知度を高めることができるのか。

どうすれば、仲間は増えるのか。

「未来につなげる・東海ネット」結成

二〇一一年三月一一日の東日本大震災後、震災や原発事故を考える団体、ネットワークが全国各地で生まれた。

筆舌に尽くしがたい大震災の被害を目の当たりにして、自らの生き方を見つめ直した人びとが多数いたからに違いない。原発事故という悪夢を目の当たりにし、「東日本壊滅」を思い浮かべたのは、福島第一原発の吉田昌郎所長(故人)だけではなかったはずだ。

そうした動きの根底には、経済最優先で突っ走ってきた戦後の日本を省みて、少し立ち止まって再考しようという思いが積み重なっている。

東海地方でも動きはあった。福島第一原発事故が引き起こしたさまざまな課題を、それぞれの団体・個人の活動、経験を生かしつつ、考えようという動きである。

放射能問題に関する情報を交換しながら、必要に応じて横につながるネットワーク。それが「未来につなげる・東海ネット」であり、結成集会は七月二九日に名古屋市で開かれた。もともと東海地域で活動していた「放射能のゴミはいらない!市民ネット・岐阜」や「核のゴミから土岐市を守る会」なども、「東海ネット」に賛同し、合流していた。

団体の数や多様さ、規模から言えば、東海地方最大級のネットワークである。

このネットワークなら「放射性廃棄物の拡散防止」に協力する仲間が見つかるのではないか。

そんな考えから、筆者は仲間たちといっしょに結成集会に参加した。

開場四五分前。

会場となった名古屋YWCAの前で仲間たちと合流した。ネット上でのやりとりがつづいていたとはいえ、全員が初対面である。お互い、目の前にいるのに携帯で連絡を取り合う状況だった。

会場は椅子が足りなくなった。立ち見の参加者もいる。主催者は、一〇〇名程度の参加を見込んでいたという。実際は一五〇名を超えており、放射能汚染に対する関心の高さがうかがえた。

岐阜、三重、愛知の各団体から報告がつづく。

岐阜県土岐市の日本無重量総合研究所（二〇一〇年解散）の周辺で、高レベル放射性廃棄物の処分場が検討されている、という報告もあった。

福島原発の事故がなければ、私たちはその話を知らないままだったに違いない。

この結成集会で知り合い、つながった仲間たちは、自分で考えて自分で行動する人ばかりだ。後に、あま市で議会請願を可決させた人、広域処理問題の全国まとめホームページ（HP）の管理を手がけた人、愛知県内の脱原発情報を総合発信しているHPの管理をこなす人……。

たった一人で名古屋市議会議員七五名全員に手紙を送った人もその場にいた。

市民放射能測定センター（Cラボ）も立ち上がる

「東海ネット」の結成集会では、最後に「市民放射能測定センター（Cラボ）」についての説明もあった。ちょうどこの日に合わせて放射能測定器が納入され、八月からボランティア測定者を募り、九月から測定を開始するという。食品や土壌などを市民から持ち込んでもらい、機器を使って測定した後は、結果を広く公表しようという試みだ。

筆者は早速測定ボランティアに応募することにした。

「Cラボ」とはなにか。

活動についてはこう記している。

> 「**福島原発事故**が**起**きてしまい、これから**長**い**間**、**食品**の**放射能汚染**がつづきます。この**列島**に**住**む**私**たち、とりわけ**子**どもたちや**妊婦**さんの**放射線被曝**を**出来**る**限**り**小**さくするためには、その**汚染**の**程度**を**知**らなくてはなりません。そのために**全**ての**食品**の**放射能含有量**の**測定**と**公表**が**必要**です」
>
> 「**食品**の**放射能測定体制**を**確立**」することを**目指**すだけではない。
>
> ・**市民**が**気軽**に**検体**を**持**ち**込**めるような**運用**を**行**う。

・**多**くのボランティア**測定者**を**養成**して、**測定機**の**稼働率**を**上**げ、**市民科学者**の**養成**も**目指**す。
・あまりにも**高**すぎる**国**の**暫定基準値**に**対抗**して、**自主基準値**を**設**ける。
・**安全性**と**生産者保護**のバランスをとりながらすすめる、**被曝量自己管理**の**方法**を**提案**する。

「Cラボ」は、市民自らが放射能問題にどう立ち向かえばよいのかを考え、実践する活動だ。行政に頼らず、市民自らで考えていくことがねらいである。

その点では、広域がれき問題に対する私たちの取り組みとスタンスはまったく変わらない。「Cラボ」の活動は、愛知県衛生研究所の元環境物理科長である大沼章子氏が中心になって、軌道に乗っていく。

食品などの検査を地道につづけながら、「Cラボ」は翌二〇一二年四月、「放射能汚染した災害廃棄物処理に関する見解」を発表した。

この「見解」をひもとくと、がれき広域処理に関する当時の状況を理解していただけると思う。「見解」が真っ先に掲げたのは「がれき処理には予防原則を」という考え方だ。

予防原則とは何だろうか。

この考え方は、生物多様性条約など多くの国際条約において、基本的なものとして確定している。簡単に言えば、「科学的解明が不十分であっても、最悪に備えて、あらゆる措置を講じなさい」ということだ。

今回の広域がれき処理に則して言えば、汚染拡大が科学的に証明されていなくても、汚染地域から放射能汚染がれきを搬出したり焼却処分したりするべきではない、ということになる。

「見解」はまた、「放射性物質処分方法に関する政府の基準はダブルスタンダードである」との考え方も打ち出した。

改正原子炉等規制法によって、一キロ当たり一〇〇ベクレル以下の放射性物質は、普通のごみとして処理できることになっている（クリアランス・ルール）。この是非は脇に置くとしても、クリアランス・ルールからすれば、一〇〇ベクレル超の物質は「放射性物質」として厳重に管理されなければならない。

ところが、原子力安全員会は原発事故後の二〇一一年六月の「当面の考え方」において、一キロ当たり八〇〇〇ベクレル以下の物質（焼却灰や下水汚泥など）は、普通の管理型処分場に埋め立て処分してよいと決定した。さらに、八〇〇〇ベクレル以上、一〇万ベクレル以下の物質さえも、何らかの遮水対策をとれば、管理型処分場への埋め立てを認める、との方針を打ち出した。

「クリアランス・ルール」と「当面の考え方」が並行する、重大なダブルスタンダード状態が生じたのだ。そのギャップは二～三ケタもの乖離がある。事故前は、青森県六ヶ所村などで厳重に管理されていた「一〇〇ベクレル以上」の放射性廃棄物を一般ごみとして処理してよい、というのだから、放射能汚染から国民の生命を守るべき政府の背信行為と言えよう。

Cラボはさらに、政府がOKと言った管理型処分場についても明確な疑義を唱えた。「見解」の五番目、「管理型処分場は放射性セシウムを閉じ込めることができない」である。

国立環境研究所の報告によれば、がれきを焼却して発生する飛灰の中でセシウムは塩化物として存在し、極めて容易に水に溶ける。管理型処分場では、汚水の処理が大きなウエートを占めるが、そこで用いられる活性汚泥法や凝集沈殿法、活性炭吸着法、キレート樹脂吸着法ではセシウムを除去できないことが確認されている。このような事実を前にして、八〇〇〇ベクレル以下の焼却灰を管理型処分場に埋めることは、無謀の極みと言わざるをえない。

指摘事項は、まだある。

そもそも焼却処分は安全なのか。

Cラボの見解は「放射能汚染がれきの焼却処分の安全性が確認されていない」点も強調している。

この点では、第一に「調査方法さえ不確実」と指摘した。

がれきをいち早く受け入れた静岡県島田市の焼却試験では、東北のがれきに六倍もの一般廃棄物を混合し、放射性セシウムが一キロ当たり五ベクレルしか出なかった、などの結論を導いた。さまざまな形状や大きさの物質が入り混じったがれきから、その平均値となる放射性セシウムを測定するためには、測定サンプルの調製そのものに大きな困難がともなう。それなのに、測定はわずかに一キログラムのサンプルだった。まして、その測定値が検出限界ギリギリの五ベクレル(検出限界四ベクレル)というのは、ほとんどあてにならない数値である。こういう実験結果を恥ずかしげもなく公開する人びとは、科学者でも技術者でもない。

「焼却処分の安全性」に関する二点目の指摘は、「バグフィルターの放射能除去能力の信頼性はまだ不十分」という点にあった。

バグフィルターとは、焼却炉の集塵機に取りつける空気をろ過するためのフィルターである。これはそもそも、セシウムのような放射性物質の除去を想定していない。「週刊金曜日」が行った主要メーカー一三社へのアンケート調査では、放射性セシウムが除去できると回答したところは皆無であった。環境省は、がれきを焼却しても九九・九％の放射性物質はバグフィルターで回収できるとしているが、その根拠は福島市荒川クリーンセンターでの実験だけである。

Cラボの見解はこのほか、「災害がれきに含まれるのは放射能だけではない」としてアスベストなどの飛散の危険も指摘している。さらに「そもそもがれきは現地処理が可能である」「がれきの輸送は税金の無駄使いでありエネルギーの浪費と温暖化ガスの放出ももたらし、なおかつ錬金術のにおいがする」という考え方も打ち出した。

「錬金術のにおい」という指摘は、その後、愛知県や全国各地での反対運動を通じ、市民らの手で明らかにされていく。

そして「見解」は、結論として「引き受けるべきはがれきではなくて子供である」と明示し、「被災地を支援し、復興の後押しをしようという志は大切である。しかし、それは放射能で汚染されているがれきを引き受けることではない」との考え方を明確にした。

地方議員との面談が始まる

「東海ネット」の結成集会から約二週間後の八月一〇日、地方議員との面談が始まった。第一号になったのは、名古屋市議だった近藤徳久氏。「減税日本ナゴヤ市議団」の所属である。

このころ、市民の間では、もどかしい思いが広がっていた。

愛知県の大村知事が、がれきの受け入れを表明してすでに半年近く。ところが、「どこの廃棄物処理場で処理するのか」と県に問い合わせても、まともな回答は返ってこなかった。

近藤氏との面談に際しては、事前に「要望書」作戦があった。

「東海ネット」の結成集会で初めて顔を合わせ、がれき問題に一緒に取り組むようになった仲間の一人が、七五名の名古屋市議全員に「要望書」を送り、面談を求めたのである。もっとも、返信があったのは三名だけ。その一人が近藤氏だ。

面談は、名古屋市内にあるファミリーレストランで行われた。

住民側は、筆者を含めて三名。全員、先日の結成集会でつながった仲間たちだ。

近藤氏と向き合って、私たちは懸命に伝えた。

これまで法律で厳しく規制されていた「クリアランスレベル」を超える廃棄物が普通の家庭ゴミのように処理されようとしています、と。

これらの廃棄物処理場に関する情報を県は住民に教えてくれません、と。

そして、議会で確認してほしいと訴えた。

説明を聞いた近藤議員はこう答えている。

「この件は名古屋市だけで解決できるような問題ではなく、国レベルの非常に大きな問題と認識している。頂いた要望書と資料は、早速、佐藤夕子衆院議員（当時）に送付するとともに、会派でよく検討したうえで対応したい」

がれき処理という難しい問題が、議員一人への面談で大きく前進することはない。その点からすれば、近藤氏の回答も当たり障りのないものだったと言えるかもしれない。

それでも、私たちの「要望書」が国会議員に伝わる、という道筋はできた。

ともかく一歩前進だ。

国会議員に会う　要望は国政に届くか

「議員との面談をつづけ、住民の要望を伝えよう」という動きは、国会議員にも及んだ。

八月に愛知県内で開かれたイベントで、仲間が「要望書」を議員に手渡し、それを読んだ議員から「お会いしましょう」と連絡があったのだ。

東日本大震災から「半年後」が迫っていた九月八日。

午前一〇時半、私たちは名古屋市中区の議員事務所に出向いた。一三〇〇年代に創建された「大須観音」の近くだ。

対応してくれたのは、民主党の谷岡郁子参院議員（当時）である。谷岡氏は当時、党の「原発ＰＴ事務局次長」を務めていた。

住民側は筆者を含めて四名。筆者は、国会議員の事務所など訪ねたこともなかった。ほかの仲間もそうだったのではないか、と思う。

秘書の石原紀彦さんがにこやかな表情で、中に招き入れてくれた。先客との打ち合わせが終わり、休む間もなく私たちが応接セットに招かれる。最初は「要望書」の内容を説明し、つづいて関連資料について説明するつもりだった。

ところが、谷岡議員は席に着くなり、こう切り出した。

「要望書はすでに目を通している。あなたたちは、私に何をしてほしいのか」

国会議員は迫力が違う、と思った。

こちらも怯んではいられない。要望をストレートにぶつけた。

「災害廃棄物の広域処理はクリアランスレベル以下にしてほしい。受け入れた災害廃棄物は焼却しないでほしい」

それを聞いた谷岡議員は、こう返した。

「放射能汚染された廃棄物は福島に集めて処理したほうがよいという考え方は理解できるが、そこに長く住んできて今も帰宅を望んでいる被災者の感情も配慮しなければならない。一〇〇〇〜二〇〇〇ベクレル(Bq／kg)程度の廃棄物については、広域処理しなければ被災地の復興が進まない」

谷岡議員はさらに言った。

「廃棄物処理の技術的な方法論に踏み込むのではなく、環境を守ることに焦点を当てたほうがよい。受け入れた場合の問題点を整理して、どのような対策を取るのか、（愛知県に）質問してはどうか。被災地への支援についても合わせて要望すれば、多くの方々の賛同につながる」

厳しいだけではないアドバイスである。

助言はこれだけではない。

「議員に自筆の手紙を書くと重く受け止めてもらえる」

「議員に議会で質問してもらう」

「だれも反対できないような要望にする」

このときに教えてもらったアドバイスは、その後の運動にとって大きな参考になった。

谷岡議員の所属する民主党は当時、政権与党である。目に見えるような、満足な回答は得られなかったとはいえ、私たちの要望が与党で活動している国会議員にも伝わった。

また一歩前進した。

第2章

「広域処理」という名の公共事業

災害廃棄物の広域処理、開始迫る

二〇一一年一〇月に入ると、環境省による震災がれき広域処理がいよいよ具体化してきた。がれき問題が最初に川崎市で表面化してから半年後である。

一〇月四日、細野豪志環境大臣（当時）が各都道府県の担当者を東京に集め、岩手、宮城、福島県で発生した災害廃棄物の広域処理に関する政府方針を説明した。

新聞各紙の報道によると、がれき処理については当初、全国で五七二市町村（事務組合を含む）が受け入れを表明。その分量は最大で年間約四八八万トンに達していたという。

ところが、その後、住民ばかりでなく、処理業者の間でも放射性物質に対する懸念が強まり、慎重論が広まった。

この日の会議は、こうした状況を政府として打開することが目的で、細野大臣は都道府県の担当職員を前に、「被災地にとって廃棄物の処理は復旧・復興の大前提。どうしてもみなさんの協力が必要」と力説している。

この時点で、がれき受け入れを正式決定していたのは東北以外では東京都しかなかった。

環境省は焦りを募らせていたと思われる。

会議の席上、環境省は各自治体に対し、受け入れの意思を再確認するための「調査票」を送ると説明している。

住民向けにわかりやすいパンフレットを作成することなども明らかにした。

この要請を受けて各都道府県は、今度は県内各自治体の担当者を集めて同様の説明を行い、がれき受け入れの意思を確認することになった。

「政府→都道府県→市町村」という流れで、がれき処理を何としても進めようというわけだ。

環境省はこの当時、がれき広域処理に関し、どのようなモノサシを示していたのだろうか。

原発事故以前は、「一キログラム当たり一〇〇ベクレル」に境目があった。

「クリアランスレベル」という、原子炉等規制法に基づく処理・処分の基準である。

これ以上の濃度を持つ放射性廃棄物は、性質や濃度に応じてドラム缶に入れて密閉したり、コンクリートで固めて埋めたりすることになっていた。

使用するドラム缶は黄色。何本もの黄色いドラム缶が原子力関連施設内で積み上がっている写真を、読者諸氏も見た経験があるのではないか。

しかも、原発から出たゴミは「一キログラム当たり一〇〇ベクレル」以下のものでさえ黄色いドラム缶に入れて厳重に管理しており、一般廃棄物（家庭ゴミ）の処理場では焼却・埋立て処分していなかった。

ところが、原発事故後はモノサシが変わった。

二〇一一年八月に、福島第一原発事故由来の放射能汚染に関する「特別措置法」ができたからである。

基準は一気に八〇倍、「一キログラム当たり八〇〇〇ベクレル」に引き上げられ、しかも一般廃棄物（家庭ゴミ）の処理場で焼却・埋立て処分しても問題ないという。

こんなことで、ほんとうに大丈夫なのだろうか。

住民や環境問題の専門家らが懸念したとおり、あちこちでトラブルが起きた。

その一つが千葉県柏市のケースだ。

柏市は一〇月一日付の「広報かしわ」の中で、「ごみ処理が危機的な状況にあります」という一文で始まる〝緊急声明〟を公表した。

柏市周辺では事故後、放射性物質を含んだ空気が滞留する「ホットスポット」ができたとされ、放射線量がひときわ高くなった。

「危機的な状況」は、それに由来すると思われる。

ごみの処理が危機的な状況にあります。

ごみの焼却灰の中に放射性物質が含まれており、八〇〇〇ベクレルを超える焼却灰については搬出先が見つかっていません。現時点では、北部・南部両クリーンセンターの建物内に、それぞれ約一八〇トン、約一四三トンもの焼却灰を保管しています（九月九日現在）。

また、焼却灰の放射能量を減らすため、市民の皆さんの協力を得て枝葉や草を分別収集し、焼却しないで保管していますが、総量七〇〇トンを超えています。この状況は、近隣の松戸市や流山市もほぼ同じです。

この問題の本質は、「高濃度の放射性物質を含む廃棄物を引き受ける先がない」ということです。人体への影響が懸念される放射性物質を多量に含む廃棄物となれば、処分する場所を見つけることは非常に困難なことです。

すでに、国や県、東京電力に対し、保管場所の提供やあっせん、あるいは焼却灰の引き取りを強く要望・要請していますが、残念ながらまだ見通しが立っていません。

国は、八月二六日にいわゆる「放射性物質汚染対処特措法」を制定し、同月三一日に八〇〇〇ベクレルを超える放射性物質を含む焼却灰の処分方針を示しました。しかし、実際に法律や処分方針が効力を発揮するまでには、まだ時間がかかると予測しています。

同じ柏市の埋立て最終処分場では、放射性物質の濃度が高い焼却灰を埋めたところ、処分場の浸出水が放射能で汚染され、利根川への放流を停止せざるをえないトラブルも起きている。一般廃棄物処理場は、家庭ゴミを処理するための施設である。そもそも放射能汚染された廃棄物を処理することを想定していないのだ。

放射能汚染されたがれきを燃やせば、汚染が約三三倍に濃縮された焼却灰が発生すると言われている。

がれきを受け入れた地域のゴミ処理場でもこれと同じ事態が起こるかもしれない。

廃棄物の受け入れ調査、全国で「強引」に

各都道府県に対する環境省の一〇月四日の「要請」は、こうしたさなかに行われた。三日後の一〇月七日、「関係都道府県廃棄物行政主管部(局)」宛に「事務連絡」が通知されている。差し出し側は、環境省の「大臣官房廃棄物・リサイクル対策部廃棄物対策課」。長ったらしいこの名前の部署こそ、がれき問題の環境省における主管課だ。

連絡文書は、がれき処理がなかなか進まない実状を記したうえで、こう記している。

「**今後、広域処理を加速するため、環境省本省と地方環境事務所が緊密に連携し、広域処理**のマッチングを**進める**ことにしています。このため、**各地方公共団体**における**災害廃棄物**の**受入検討状況**を**把握**し、**得られた情報**を**用い**て**具体的**なマッチングを**実施**することを**目的**として(略)**調査**を**実施**します。なお、**本調査**の**結果**について**個別**の**地方公共団体名**は**公表**しないこととしています」

事務連絡文書は、ほどなくインターネット上に出回った。自治体側が自らの公式ホームページに掲載した例もある。もしかしたら、環境省の対応があまりにも酷いので、腹を立てた自治体関係者がいたためかもしれない。

この事務連絡は多くの問題を含んでいた。

まず、期日の問題である。

文書作成日の一〇月七日は金曜日だった。翌八日からは三連休である。ファクスや電子メールで七日中に文書を受け取ったとしても、その時間帯によっては、都道府県側が実際の対応に動きだすのは三連休明け、一一日火曜日になったであろうと思われる。

しかも、環境省は、管内市区町村分の回答をとりまとめ、一〇月二一日一七時までに提出しろ、というのだ。

愛知県では、県の担当部局が管内市区町村の担当者を集めて、急遽、がれき処理に関する説明会を開くことにした。その日付が一〇月一三日。その説明を受け、各市区町村が県に回答する期限は一〇月二〇日だ。このスケジュールで運ぶとなると、市町村の検討期間は一週間しかない。これでは、住民に十分な説明をする時間など確保できるはずもない。

結局、住民の不安や疑問にていねいに回答もせず、「市区町村→県→環境省」の流れで、地域の実状が吸い上げられていくしくみになったのである。

調査方法にも大きな問題があった。

この調査では、震災がれきの受け入れ「検討状況」に関し、三つの選択肢から一つを選んで回答せよ、と市区町村側は要求されている。

選択肢は以下の三つ。まるで悪い冗談話を聞かされているかのような選択肢が並んでいる。

A　**すでに受け入れを実施している**

B　**被災地への職員派遣や検討会議の設置等の具体的な検討を行っている**

C　**被災地への職員派遣や検討会議の設置等は行っていないが、受入れに向けた検討を行っている**

AからCまで、いずれも「受入れ」の方向を示すものばかりだ。そもそも「受入れ困難」は最初から選択肢にない。

このため、受け入れは困難と考えた場合、あるいは短期間で十分に検討できないから回答できないといった場合、市区町村側は「白紙」回答しか方法がなかった。

三番目の問題点は「情報公開」に関する姿勢である。

連絡文書は末尾で「本調査の結果について、個別の地方公共団体名は公表しないこととしています」と明示した。

他の市区町村の状況がどうであるか、それを環境省は当の各自治体にも知らせない、と宣言したのである。

これでは、何がどうなっているのか、住民にもわからない。*

「環境省は広域処理を秘密裏に進めようとしていた」と指弾されても仕方あるまい。汚染廃棄物処理の技術的検討を行っている「災害廃棄物安全検討会」も、議事録を公開しないまま、国民の目を避けるかのように密室で議論をつづけ、処理基準や処理方法を決めている。とても民主的な行政の進め方とは言えない。

このままでは、住民が知らないまま、いつのまにか放射能汚染されたがれきが燃やされて、土壌や水源が汚染されることにもなりかねなかった。

愛知県の住民たちも、こうした環境省のやり方に怒った。県内それぞれの地域で結束し、自分たちが住む各市町村に対して、「環境省には慎重な回答を行うように」との要請を繰り広げたのも、怒りが最大の原動力だったと思われる。

＊調査結果について市民団体が情報開示請求したが、環境省は自治体や処理施設の名前を不開示とした。この対応について、二〇一四年一二月大阪地裁は、国に対して情報公開するよう命じている。

愛知県では反発さらに

愛知県で展開された住民運動のスタイルについて、ここで少し触れておこう。愛知では運動全体を取り仕切る「リーダー」や「ヒーロー」は存在しなかった。

図1　愛知県の4地域と県下市町村

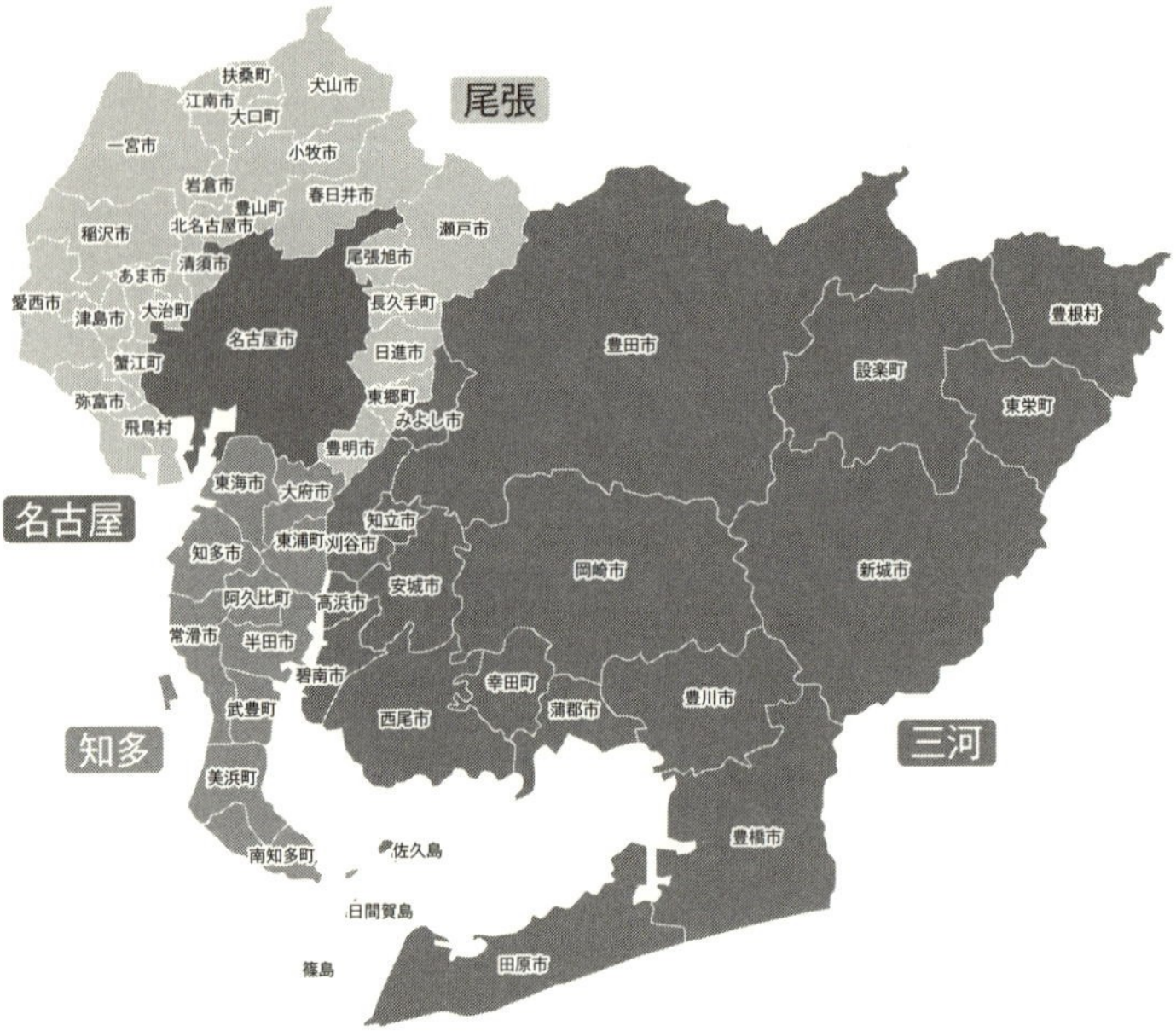

名古屋市、岐阜県と接する県北の尾張地域、県南部の知多地域、静岡県に近い東部の三河地域。それぞれの地域で、それぞれの住民が、それぞれの運動を進めた。

資料を整理できる者は資料を整理し、チラシをつくれる者はチラシをつくり、各住宅へのポスティングできる者はポスティングを行い、議員面談できる者は議員面談を行う。そういったスタイルである。

ツイッターやフェイスブック、ミクシィといったSNSも積極的に活用した。インターネットを駆使して得た情報は、可能なかぎり少しでも多くの住民が共有できるようにしよう、との発想があったからだ。

細野環境大臣による各市区町村への「要請」が終わると、住民の動きはさらに活発になった。何しろ、市町村から愛知県への回答期限は、ごくわずかな期間しか残されていない。期限まで、あと一週間。

そんな状況の中、名前も顔も知らない住民たちは、SNSを利用しながら情報ネットワークを広げた。

先述したように、日本政府の方法は「環境省↓都道府県↓市区町村」というタテ系列だ。おまけに調査に対する回答は個別に公表しないとなっているから、住民も各自治体も全体がどうなっているのか、そのままでは見当がつかない。

愛知県の運動は、そのマイナスも横のネットワークで打破しようとした。各自治体の反応や回答状況を「星取り表」のように埋めながら、住民運動の進捗状況を「見える化」することにしたのである。

このアイデアは、谷岡郁子議員との面談で知り合った石原紀彦氏からのアドバイスだった。では、実際にはどんなやりとりが、住民と各市区町村の間で行われたのだろうか。

住民同士は、どんな情報を交換していたのだろうか。

筆者は当時、自らが管理人となってインターネット上で情報共有のコミュニティーをつくっていた。愛知県を中心に、がれき広域処理に反対する住民、およそ一〇〇名が参加するコミュニティーだ。私たちの仲間は、ここを情報の「ハブ」として、ツイッターやフェイスブック、メーリングリストを利用する住民たちと、お互いに情報交換することにした。

このコミュニティーに残された記録の中から蒲郡市を含む東三河地域の自治体とのやりとりを、抜粋ではあるが、ひもといてみよう。市町村に課せられた「回答期限」までの一週間分、一〇月一四日から二一日までだ。

以下、発言者は異なる。地の文は住民たち、「　」内は担当職員や地方議員のコメント。

【一〇月一四日】

——蒲郡市がやばそう、との情報が入ってきました、誰か確認をお願いします。

——蒲郡市役所清掃課クリーンセンターの課長に電話し、確認したところ、がれき受け入れは課長に一任し、決定することになっていると聞きました。課長の上司に部長がいます。その方と協議し、市長に決定してもらうとのこと。

「責任は市長がすべて持つ」

ちなみに蒲郡市長は今週日曜日の選挙によって決まります。最初にあった「一任し決定」の立場は市長不在の為と考えられます。

課長は一貫して、

「福島のがれきを受け入れないのは同じ国民としてあってはいけない」と。

私はそう思わない。原則的に放射能は止めて拡散するべきでない。福島の人を助ける為にも汚染のない食物、土地を守りたい。もっと住民の気持ちを聞いてほしいと伝えました。

——課長は「ザ・公務員」です。私にまで、

「組織は国、県、市である。よって国、県からの要請は聞かなくてはいけないの」といいます。「えっ、市民は」と聞くと、

「それじゃ問題解決しないでしょ、ほかっとくのか」とまで言います。みなさん何とかしてください。

――蒲郡市、一体どうしたらいいのか途方にくれます。上司の部長に訴えればいいのか。今度の市長がだれになるかで決まる。課長はきっと危険性も全くわかってないよね。

【一〇月一七日】

――蒲郡市の課長、他の人もひどい、と話題に。

「ストロンチウムは体に入っても問題ない」

――課長いなかった。変わりにガラガラ声の人。結構いい対応だったけど「課長さんが受け入れるって言っているから市長も受け入れる方向へ気持ちが行くのでは」と言っておいた。

――豊川市清掃事業部に電話しました。

どういう方向で検討しているのか。

「まだ何も決まっていない、返答の仕方もこれから検討する。市民にも説明をしていく。最終的には市長が決定する」

吉川(三津子)議員(愛西市)のブログに文書が公開されているが、まだ検討していない場合の返答は空欄でも良いと知っているのか。

「ABCの検討状況の箇所は知っているが、返答の仕方の文書は知らなかった。ああ、愛西市の議

員さんですね」

市民からの声は上がっているのか。

「たくさんメール・電話が来ています。きちんと意見は報告します」

いつも検討していない、これからだという返事。もう時間がないよ。

——蒲郡市役所の部長に電話しました。課長の電話対応の件で、途中で電話を切られたひとがいる、と言うと

「そんなことをする男ではない」と。

ストロンチウムを体に入れても問題ない、については、

「専門家ではないが、そんなことをいうはずはない」と。

などと一貫して課長をかばいました。そして「その電話はいつ掛けたのか」と執拗に聞かれた。口を挟む隙も与えられずしゃべり通しで、こちらの話は聞かない。

どのような方向で検討しているのか、と聞くと「あなたに返事する必要はない」と。

【一〇月一八日】

——新城市に電話しました。時間外だったせいか、クリーンセンターの番号を案内されました。

「まだどう回答するかは未定」だそうです。

課題が山積していること、住民の理解が得られてないことは認識されていました。明日、東三河の市町村で集まりがあるようで、そこでがれきの件も話をするみたいです。

「周りの市町村と足並みを決めることになる」と言っていました。東三河地区は手薄だった気がす

るので、できれば明日朝までにメール・FAXしたほうがいいかと思います。

【一〇月一九日】

――蒲郡市に電話しました。

「今日は東三河五市でのがれき受け入れについての会議に出席しているため担当者は不在」と。代わりに話をした方は「できれば受け入れたくはない」と。蒲郡市も少し変化が見られます。「東三河五市」で共同歩調の可能性が出てきました。あと一歩かも。

――北設広域事務組合環境衛生課に電話しました。

「何件かご意見頂いています」

電話ではっきり「白紙」回答とは言えないが察してほしいという感じでした。

【一〇月二〇日】

――新城市環境部生活衛生課（新城市クリーンセンター）に電話しました。

「回答はまだ決まっていない」（上の者がいないのですみませんと）

豊橋は受け入れないみたいですと言ったところ

「周りの自治体に合わせるだろう」と言われた。

――田原市清掃管理課に電話しました。

「回答は「検討中である」に統一するようになっている」とのこと。

拒否or白紙については

「意見としていただき市長へ上げます」とおっしゃっていましたが、疲れちゃっていました。

――新城市生活衛生課に電話しました。

「ABC選択については白紙で出す予定、検討するにも条件すらないのでそれがクリアにならないことには。処理能力や処理余力など、回答できるところは記入する予定だが、その内容については上のものがいないので答えられない」とのこと。

これは白紙提出と取っていいいと思います。豊橋市と同じで「検討するにも条件が」と会話中三回おっしゃいましたので。また、「スラグなど資源再利用はなく、バグフィルターは付いている」とのことでした。

――新城市、私も朝電話して「豊橋市は受け入れないみたい」と言ったら深く受け止めている感じでした。

――今日、豊川市役所経済環境部清掃事業課から返信メールが来ました。

「豊川市では、現段階でのがれき受入について、方針を決定するために必要な情報が不足しているため、今回の調査について、検討状況の欄は空欄といたしました。」とのこと。

――北設広域事務組合環境衛生係に電話しました。設楽町、東栄町、豊根村、長野県根羽村の4町村の焼却施設です。

「四町村の総意がなければ回答内容について公表はできません、検討中としか言えない」とのこと。

「施設は焼却炉しかなく、溶融炉がないのでリサイクルは行っていない、バグフィルターは付いている、電話は掛かってきており、心配は理解できる」とのこと。

データに基づいてしっかり考えてくれそうな人だったので、かなり白紙に近い「検討」だと思いました。

【一〇月二一日】

――蒲郡市役所清掃課クリーンセンターの課長に電話しました。課長の対応が変わりました。「蒲郡は白紙で回答し、国や県に多くの問題点（運搬は陸路からか、海からなど）を上げた」と。「問題は多く、それをひとつひとつクリアしていくのは大変。この問題は稲葉市長（一一月就任）に任せられる」と。

「市外からやたらめったら抗議の電話がかかってきてる」と。みなさんのおかげです。あんなに頑固な課長が「現時点で問題だらけじゃないですか、難しいよね」と。

――蒲郡市の課長に電話しました。「ほんとうにありがとうございました」というと。いろいろと教えてくれた。

「国や県が安全だという説明もなしに受け入れはできないし、住民が納得いくような説明を専門家をよんでしたりしなければ受け入れられるといえません」と。

自治体は他の自治体との横並びを気にする傾向がある。

蒲郡市の対応が変化したのも、東三河地域での共同歩調を優先させたためであることがわかる。

だから、愛知県内での運動は、地域への影響力が大きい名古屋市や豊田市、岡崎市などへの働きかけを重視することにした。

当時の雰囲気を、少し読み取っていただけただろうか。

住民の力、「受け入れ」にブレーキ

結局、一〇月二一日を環境省への回答期限とした「受入調査」に対しては、各市町村とも取りまとめ役の愛知県に「白紙」で回答したようだ。

これを受けて愛知県は、このままではがれき受け入れの検討が難しいと判断し、一〇月二五日、環境省に「質問書」を提出する。

この「質問書」に対し、環境省から愛知県に回答があったのは、およそ一ヵ月後の一一月二一日だ。しかし、この回答も不十分な内容だったことから、大村知事は当時、つぎのとおりコメントしている。コメントを読むと、環境省の回答がどのようなものだったか、察しがつくと思う。

「国からは、**安心**につながる**実例**データを積み**上**げ、**説明材料**を**充実**していくことなど、**今後**の**対応**が**一部示**されたものの、**本県**が、**今求**めている、**県民**の**皆様**のご理解とご納得を得るための情報やデータを得ることができず、**不満足**な**内容**でありました。**例**えば、**焼却前**の**受**け**入**れにおける**放射性物質**の**基準**については、**受**け**入**れ**側**にその**判断**を**委**ねたり、**焼却灰埋立地**の**跡地利用**を**踏**まえたきめ**細**かな**安全基準**の**設定等**については、これまで**示**された**基準**で**安全**であるなどといった**回答**でありました。

図2　愛知県内各自治体の受け入れ回答地図

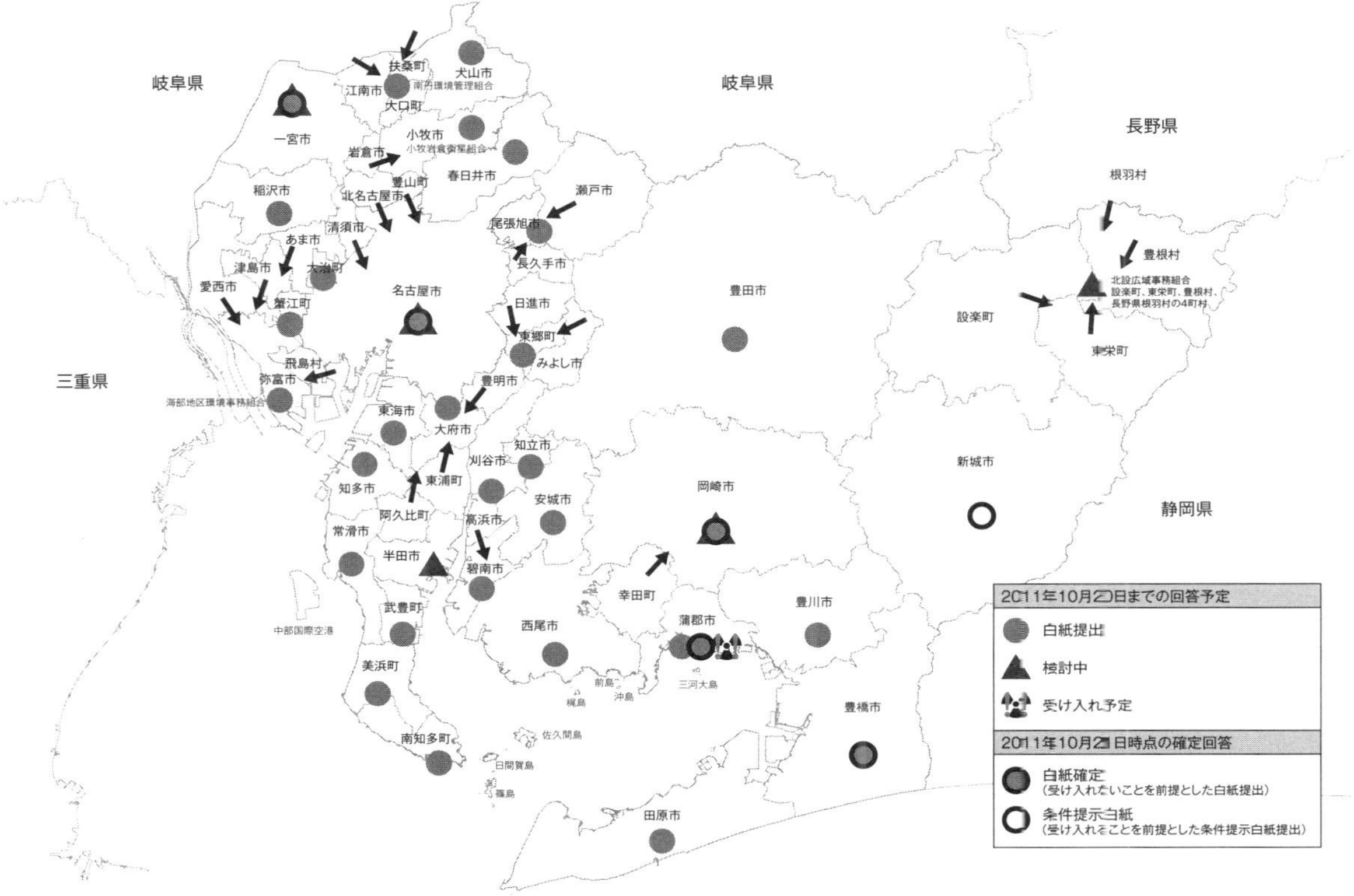

本県としては、被災地に対し、できる限りの支援をしていく姿勢はいささかも変わりませんが、災害廃棄物の受け入れという問題を検討する上では、安全な基準の設定や詳細なデータが必要不可欠であると考えております。

このため、回答を早急に市町村等にお知らせし、ご意見をいただいた上で、必要な事項を再度整理し、国に再質問するとともに、国として責任を持った対応をしていただくよう、強く要請してまいりたいと考えております」

東日本大震災に揺れた二〇一一年。その年も押し詰まった一二月二〇日、愛知県はさらに「要請・質問書」を環境省に提出した。

これに対する環境省の回答は三月五日である。

その回答もまた不十分な内容だった。大村知事はつぎのとおり、コメントしている。

「今回の国からの回答におきましては、災害廃棄物の焼却に伴う排出ガスに係る安全性の周知や風評被害による損害の発生などについて、ある程度前進が見られるものの、本県が求めている、県民の皆様のご理解とご納得を得るための情報やデータを得ることは、できませんでした。

例えば、焼却前における災害廃棄物の放射性物質の基準、焼却灰埋立地について、跡地利用を踏まえたきめ細かな安全基準や浸出水等のモニタリング手法などは、依然として明確に示されませんでした。

本県としては、**被災地**に**対**し、できる**限**りの**支援**をしていく**姿勢**はいささかも**変**わりませんが、**災害廃棄物**の**受**け**入**れという**問題**を**検討**する**上**では、**安全**な**基準**の**設定**や**詳細**なデータが**必要不可欠**であると**考**えております」

知事コメントには「県民の皆様のご理解とご納得を得るための情報やデータを得ることは、できませんでした」との一文が入っている。私たちの住民運動も知事の姿勢に少なからず影響を与えたはずだ。

この年の一二月二一日には、あま市議会で汚染廃棄物の広域処理に関する請願が採択されている。愛知県内では初めての請願採択だった。

提出に動いたのは、夏の「東海ネット」結成集会で知り合った仲間の一人である。あま市の住民は、被災地支援のチャリティーバザーを公民館で行い、集まった募金を「あしなが震災孤児募金」に寄付するなど、被災者支援にも力を入れている。

汚染廃棄物(+放射性物質+補助金)を受け入れるのではなく、避難者を受け入れる。同時に、被災地が必要とする「ひと」「もの」「かね」を届けていく。それがあま市の支援だった。

こうした動きがつづいていた一二月一九日、中日新聞朝刊に「関東などの焼却灰『ノー』」と題する記事が載った。一九ページ目の生活経済面。主見出しの脇に「セシウム検出に住民抗議」「六県からの搬入中止」という小見出しがある。秋田県の大館市と小坂町が、関東地方や静岡の六県からの焼却灰受け入れを拒否した「事件」を報じたものだ。

本文の冒頭では、地元住民団体の代表が語った「セシウムがなければ反対しません。ただただセシウムによる悪影響が心配なんです」という言葉を紹介している。

記事の後半で、秋田県の地元行政担当者は「このくらいのセシウム量なら大丈夫と言った説明では住民の理解は得にくい」と率直だ。

さらに秋田県内の産廃処理業者も「セシウムを懸念するのはごく自然な感情。よそから来る焼却灰や震災がれきを受け入れる自治体はなかなか増えないのではないか」との見通しを述べている。

この記事で紹介されているように、秋田県の「焼却灰」事例と震災がれきの広域処理に反対する各地の運動は、その構図が重なっている。

問題の核心は、この記者自身が記すように、「放射能汚染への懸念」が消えないことにある。記事には、震災がれきの広域処理への反対はツイッターやブログを通じた情報の共有によって勢いを増している、とも記されていた。

私たちが訴えてきた問題について、ようやく理解が広まり始めたようだった。震災直後の四月にがれき受け入れを表明した愛知県も、住民の動きやそれをバックにした各自治体の「白紙」回答などに押されるように、姿勢を変えつつあった。

実際、二度も環境省に「質問書」を送った愛知県は、慎重な姿勢に変わった、と思われていた。

この時点では……。

家庭ゴミの処理場でがれきを処理するとどうなる

話は少し戻る。

二〇一一年秋。がれきの広域処理について、愛知県の住民に不安や疑念が広がり、各市町村に対して「ストップを」との働きかけを強めていた時期のころだ。筆者や仲間たちは、一宮市（愛知県）にある一般廃棄物処理場「一宮環境センター」を見学した。処理場の現場すら知らずに、反対の声を上げつづけることはできないと思ったからだ。

環境省は、放射能汚染された災害廃棄物を普通の家庭ゴミといっしょに全国の一般廃棄物処理場で焼却処分しようと計画している。ほんとうに大丈夫なのだろうか。だから、まずは「処理の現場」をこの目で見よう、ということになったのだ。

見学してみると、やはり疑問点が出てきた。

気づいた点をいくつか列挙してみよう。次ページの図にまとめた（図3）。

一宮環境センターで生じた焼却灰は、最終処分場に埋立て処分になる。

そのため、愛知県の「衣浦港三号地廃棄物最終処分場」も見学してきた。

愛知県内の一般廃棄物処理場や産業廃棄物処理場から出たゴミの多くは、最終的にはこの衣浦港の

図3　処理の工程

①収集したゴミは可燃物であることを確認してから「ゴミピット」に集められる。
→「ゴミピット」は周りの環境と遮蔽されておらずゴミ搬入口で外気と繋がっている。

②「ゴミピット」に集められたゴミはクレーンで焼却炉に運ばれる。
→クレーンや焼却炉の投入口に引っかかったゴミを作業員が手で取り除くこともある。

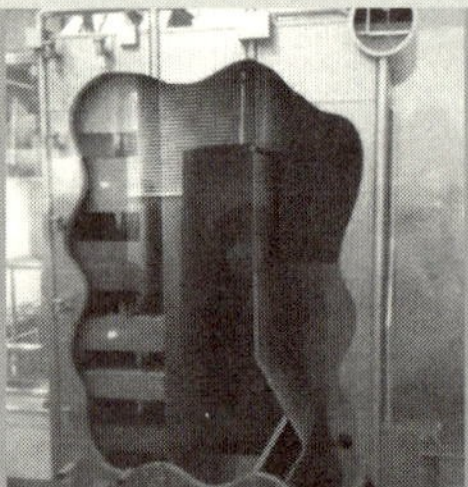

③焼却炉から出た煙はフィルターで汚染物を除去した後、煙突から大気中に放出される。
→フィルターはエアコンや掃除機のような交換式ではなく定期的に作業員が清掃する必要がある。

④焼却炉から出た灰はコンベアにより「灰ピット」まで運ばれる。
→焼却灰の移動も100％自動ではなく作業員が手で取り扱う場合もある。

⑤システム全体を「中央制御室」で運転・監視している。
→排気は法律で定められた基準を守るよう監視しているが、煙突から大気中に出る排気を直接測定していない。また放射性物質の監視も行っていない。

⑥「灰ピット」に集められた焼却灰はクレーンで搬出車両に積み込まれる。
→「灰ピット」も周りの環境と遮蔽されておらず、焼却灰の搬出口で外気とつながっている。

最終処分場で埋立て処分されていく。

処分場は知多半島の東側、ＪＲ武豊線の終点近くにある。ちょうど知多半島を挟んで中部国際空港の反対側だ。こんな場所に放射性物質に汚染された焼却灰や廃棄物を埋立てることになるのだ。

ほんとうに問題がないのだろうか。

施設を見学し、素人目にもわかったことが何点かある。

1 **安定型区域**（**不燃物、主に産廃用**）は**海と直接**つながっているため、**有害物質**を**含む**ゴミは**受け入**れできない（**受入基準により規制**）。

2 **管理型区域**（**主に汚泥や焼却灰用**）では、**廃棄物に含**まれる**有害物質**を**浸出液処理施設**で**浄化処理**して**海に排水**する。

浸出液処理施設は、ダイオキシンや水銀などの浄化処理が可能だが、放射性物質の浄化機能はない。さらに海洋との関係もある。管理型区域は海に汚染水が漏れないよう二重に遮蔽シートを敷設しているが、遮蔽シートの寿命は不明である。

両区域とも、埋立て終了後、六〜七年間以上、土壌や排水の環境汚染モニタを継続し、環境への影響がなくなった時点で工場用地や緑地として再利用するという。

この最終処分場で、放射能汚染されたがれきや焼却灰の処理が可能なのだろうか。

そう質問したところ、担当職員は「セシウムは水に溶ける性質があるので、このような海に埋立てる処分場では不可能。処分できるとすると陸の最終処分場ではないか」と回答した。

放射能に汚染された廃棄物を処分するなら陸の最終処分場——。

そう聞いた私たちは、陸上の最終処分場も見学した。岐阜県多治見市にある「名古屋市愛岐処分場」である。

愛岐処分場は標高八〇～三六〇メートルの丘陵地帯にあり、周囲は山や尾根に囲まれている。東側には一級河川の庄内川（土岐川）が流れており、敷地全体が流域に含まれている。名古屋市内の焼却灰や不燃ゴミの多くは、最終的にはこの最終処分場に埋立てられる。

ここに放射性物質で汚染された焼却灰や廃棄物を埋立てて、ほんとうに問題がないのだろうか。

現場に行くと、やはり、たくさんのことがわかる。

結論を言えば、愛岐処分場では放射能汚染された廃棄物の受け入れは不可能ということだった。

理由はつぎの通りだ。

1 **愛岐処分場**の「**浸出水処理施設**」は**放射能汚染**を**除去**できないので、**施設**の**排水処理**ができなくなってしまう。

2 **愛岐処分場**の**利用**について、**名古屋市**は**岐阜県多治見市**と**協定**を**交**わしており、**環境**に**大**きく

影響がある**受け入れ**を**名古屋市**だけの**判断**では**決定**できない。

3 **愛岐処分場**のような**広大**な**最終処分場**を**名古屋市**が新たに**建設**することは**困難**であり、**実際**、**現在**も**処分場**の「**延命措置中**」だ。このため、**処分場**が**使用不可**になるリスクのある**廃棄物**を**受け入れる余裕**は、まったくない。

見学の対応をしてくれたのは、処分場の所長である。

「受け入れ不可能」との明言はなかったが、「浸出水処理施設で放射能汚染の除去は不可能」と明言してくれた。とても重要な情報だった思う。

私たちは所長に対し、さらに質問を重ねた。

「被災地のがれきはどうすれば処理できるのか、専門家の目から何かよい方法はないか」と。

これに対し、所長は「（安全ではないものを安全と見なすように）国の基準を変えるしかない」と回答している。

つまり「放射能汚染された水を排出する」か「浸出水を排出しない」のどちらかしか選択肢がないので、「基準を変えて汚染水を排出するしかない」と言いたかったのだろう。

放射能で汚染された水を排出したらどうなるだろうか。

排水は川や土壌を汚染するので上水道や農業用水が汚染されてしまう。二次汚染の発生である。愛岐処分場から汚染水が漏れたら、真っ先に影響を受けるのは庄内川（土岐川）だ。庄内川の水は、愛知県内の農業用水や工業用水に利用されている。

愛知県の土壌は幸い、ほとんど汚染されていない。それなのに、農産物の二次汚染というリスクも抱え込んでしまう。

所長の発言が意味するものは結局、つぎのようなことなのだ。

どうしても受け入れろとなれば、現実問題としては、設備や対策には何も手をつけないまま、「現行基準では安全ではないものを、基準の変更で安全と思わせるしか方法がない」のだ、と。

これはまさに、廃棄物処理に従事する人たちの本音なのだろう。技術的に何も変わっていないのに、昨日まで安全ではなかったものが、基準を変えたとたんに「安全」のお墨付きを得てしまう。

そんなことでよいのだろうか。

複合汚染された震災がれき

環境省は震災が発生して以降、一貫して震災がれき広域処理の必要性を訴えつづけていた。住民や専門家、一部の自治体が広域処理の問題点を指摘しても、方針を見直そうとはしない。

どうしてそこまで広域処理にこだわるのだろう。

じつは、アメリカ国立衛生研究所が、ある論文をまとめている。

「化学物質の影響――東北地方太平洋沖地震と津波による汚染と除去」というタイトルで、二〇一一年六月に発表された。その中では〝日本では未曾有の化学物質汚染問題を覆い隠す〟と強調されている。

津波で流された震災がれきは、化学物質にも汚染されている、という報告だ。地域沿岸に保管されていた化学物質が津波で流され、震災がれきを汚染したのだ。

さらに阪神・淡路大震災の時と同様、震災がれきはアスベストにも汚染されている。阪神・淡路大震災後のがれき処理などに携わった五人が、アスベスト(石綿)によるがん、中皮腫を発症して亡くなったことも報道されている。

つまり、今回の震災がれきは放射性物質、化学物質、アスベストにより「複合汚染」されているのだ。それを普通の家庭ゴミと同じように処理しようというのである。

日本のマスコミは、こうした情報はほとんど報道していない。そのために広域処理の問題がなかなか社会全体に広がらない。

東日本大震災とほぼ同じ二〇〇〇万トンの震災がれきが出た阪神・淡路大震災について、日本政府の研究機関がまとめた報告書「阪神・淡路大震災におけるガレキの処理・活用に関する調査と考察」がある。

報告書では「隣接市、他府県への応援要請」と書かれているだけで、広域処理の必要性はどこにも総括されていないのに……。

政府はどうして広域処理にこだわるのだろうか。政府だけでなく、与党も野党もマスコミも、この問題ではそろって「広域処理の必要性」を訴えている。

ほんとうの理由がようやく見えてきたのは、年が明けて二〇一二年になってからである。

すべては、経済合理性の産物だったと言ってよい。

言い換えれば、経済最優先。

「食べて応援」も「みんなの力でがれき処理」もおそらく行動原理は同じだったであろう。じつは、進んでいないのは「復興」ではなく、がれきの「リサイクル」なのだ。広域処理に反対する人びとも、がれきの焼却だけに焦点を当てていると、この本質を見誤るかもしれない。

ほんとうの狙いは「がれきのリサイクル」

話はいったん、愛知県から離れ、岩手県に飛ぶ。

岩手県内のがれき処理は、その大半を地元セメント企業が受注している。がれきの焼却灰はセメントの原材料として利用できるからだ。できるものなら、この企業は同社が県外に持つセメント工場で効率的に処理したいはずだ。

しかし、現状ではそれができない。

がれきは産業廃棄物ではなく一般廃棄物なので、受け入れ自治体の許可がなければ県外に持ち出すことができないからだ。

この許可に必要なのは、がれきの広域処理を目的として複数の自治体が結ぶ協定である。つまり、広域処理のために岩手県と各地の自治体との間で協定が締結されれば、この企業が引き受けた県内処理分のがれきは、同社の県外工場で処理することができる。そして、リサイクル資源として流通させることも可能になる。

阪神大震災のがれきは、リサイクル率が約五割に上った。セメントや木材、鉄鋼業界などは、東日本大震災のがれきにもそれを適用したいのではないだろうか。原発事故以降は首都圏の焼却灰が高濃度汚染でリサイクル困難となり、復興事業で利用するセメントが不足しているとの報道もある。

岩手の県内処理分を請け負った企業をはじめとするセメント業界は、喉から手が出るほど焼却灰がほしいに違いない。将来的にはがれきだけにとどまらず、除染のために伐採した木材などもリサイクル資源として有効活用したいのだろう。

さらに問題はつづく。

これらの汚染資源のリサイクルによって、政府は「クリアランス制度」を既成事実化させたいのではないか。「クリアランス制度」は、二〇〇五年に法律として成立したが、多くの問題点を抱えるため日本社会ではまだ定着していない。

この制度のねらいは「原発解体」で生じる廃棄物の処理にある。

実際、電力会社でつくる「電気事業連合会（電事連）」はわかりやすく、次のように説明している。ここ

図4　解体撤去で発生する廃棄物の量（110万kw級軽水炉の試算）

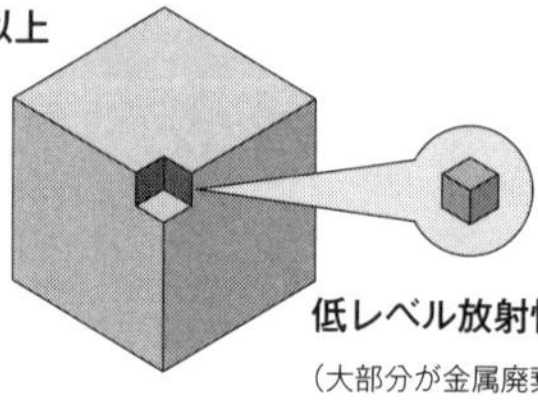

『原子力・エネルギー』図面集2010より

でいう「クリアランス」とは、一種のモノサシ、境目である。
電事連のホームページをのぞいてみよう。

「原子力発電施設の解体撤去にともなって発生する廃棄物は、原子炉のタイプによって多少異なります。一一〇万キロワット級の原子力発電所を解体すると、クリアランスレベル以下の廃棄物発生量は沸騰水型炉（BWR）で五三万トン、加圧水型炉（PWR）で四九万トンと試算されています。

出力一六・六キロワットの日本原子力発電（株）東海発電所ではクリアランスレベル以下の廃棄物が一七万四一〇〇トン発生します。一方、放射性廃棄物として処理処分するものは軽水炉で一～二トン前後ですから、廃棄物のほとんど（約九七%）がクリアランスレベル以下であるといえます。

廃棄物の再生利用や適切な処分を進めていくためには、国民や地域社会の理解を幅広く得ながら進めて行くことが重要です。このため、制度が社会に定着するまでの間、電力会社では、原子力施設由来であることを了解済みの処理業者に搬出し、電力業界内を中心に自ら率先して再生利用を進めています」

二〇一一年三月に起きた福島原発の事故によって、大量の放射性物質がばらまかれた。このため、政府はがれきの処理と一体で「汚染資源のリサイクル処理」を進め、一気に「クリアランス制度」の既成事実化を図る――。そんな思惑が見えてくる。

「クリアランス制度」が定着すると、どうなるだろうか。

高濃度の汚染焼却灰も薄めてクリアランスレベル以下のセメントに加工すれば、市場に流通させることが可能となる。

将来、原発を廃炉する場合も、クリアランスレベル以下の部分をスソ切りすることにより、廃炉コストを大幅に抑えることが可能となる。

政府・マスコミが一体となってキャンペーンしている「食べて応援」も「みんなの力でがれき処理」も、本来は、政府と東電が負うべき放射能汚染被害の損害賠償額を低く抑えることが目的だと考えれば、すべて経済合理性にもとづく「コスト削減策」であると理解できるだろう。

広域処理を予算から見たら

広域処理に、これまでさまざまな疑問を投げかけてきた奈須りえ氏（前東京都大田区議会議員）は「市民からみた『東日本大震災に伴う災害廃棄物広域処理』の論点【安全性・制度・財政】」という一文を二

○一二年二月、自身のブログで発表している。

その指摘は興味深い。

「**自治体が手を挙げれば、処理した費用は一〇〇%国から予算措置される。そして、その原資は災害復興税だ。災害廃棄物の費用は『災害復興税一〇・五兆円でまかなわれる。増税規模は所得税七・五兆円、住民税二・四兆円、法人税二・四兆円で、総額一〇・五兆円。『復興債の財源として、国民も復興費用を負担することになる。所得税は、二〇一三年一月から二五年間、所得税率が二・一%引き上げられるほか、個人住民税は、二〇一四年六月から一〇年間、年一〇〇〇円上乗せ**」

では、がれき関連の予算はどうなっているのだろうか。

二〇一一年度は第一次補正予算及び第三次補正予算で七七七八億円、二〇一二年度は復興特会で四一五六億円が計上され、二ヵ年だけで一兆一九三四億円の巨額の予算が認められた。この予算は、国の直轄処理に係る予算(放射性物質汚染廃棄物処理事業費)、国の代行処理に係る予算(災害廃棄物処理事業費)、国庫補助事業に係る予算(災害等廃棄物処理事業費補助金及び災害廃棄物処理促進費補助金)、災害廃棄物の受入可能施設等に係る予算(循環型社会形成推進交付金)から構成される。

この予算の中で、国の代行処理に係る予算(災害廃棄物処理事業費)について、とても興味深い資料を発見した。

図5　災害廃棄物処理事業費の構成

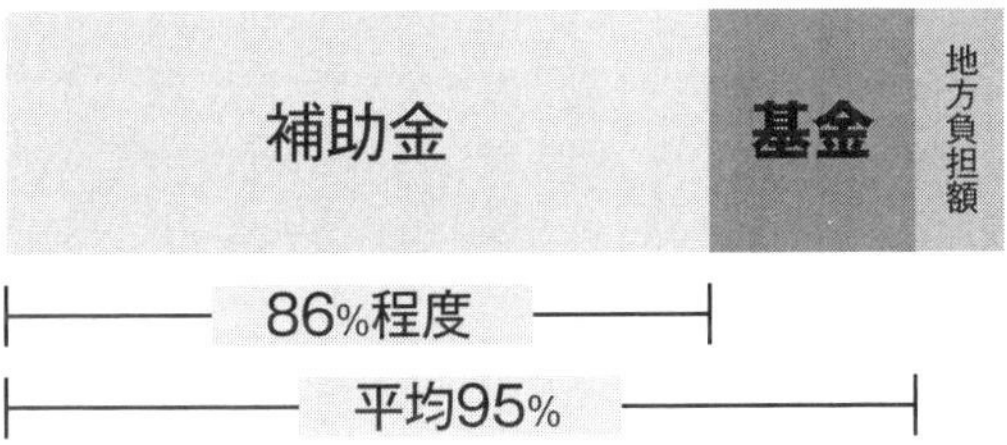

補助金によって地方負担額はさらに軽減される

2011年度環境省予算資料より

「再生可能エネルギー導入及び震災がれき処理促進地方公共団体緊急支援基金事業（地域グリーンニューディール基金の拡充）」という環境省の予算資料だ。

それによると、「災害廃棄物処理事業費」は八六％の補助金と九％の基金、五％の地方負担金で構成されていることがわかる。この五％の地方負担金についても「地方負担分を全額措置し、また地方税の減収分についても併せて手当てする。これにより、被災自治体の負担は実質的にゼロとなる」とされている。

つまり、がれき処理費用は全額が国の負担で賄われる。この仕組みこそが、自治体ががれきを受け入れたい最大の理由ではないか。

そのうえ、がれきを受け入れた自治体には、がれき処理費用とは別に「震災復興特別交付税」まで交付される。

宮城県女川町のがれきを受け入れるのではないかと言われていた東京都三鷹市・調布市で構成する「ふじみ衛生組合」には、二〇一一年度に「震災復興特別交付税」一〇億円（三鷹市に四億〇〇〇千万円、調布市に五億四〇〇〇万円）が交付され、それを両市の分担金として「ふじみ衛生組合」に支出している。

「震災復興特別交付税」とは、どういうものだろうか。

総務省が二〇一一年一〇月に各自治体に通知した文書では、「地方交付税交付金」として三次補正予算だけで一兆六〇〇〇億円が計上されている。

この補助金が、がれきの受け入れと引き換えに自治体に交付されるのであれば、財政難に悩む各自治体にとってこれほど魅力的な話はない。

がれきの広域処理を進めたい政府・環境省と、補助金を受け入れたい各自治体。

その双方の利害は、この点においてこそ一致したのではないだろうか。

実際、広域処理のほんとうの目的は被災地支援ではなく、補助金目当てと思わせるデータが、このあと続々と明るみに出てくるのだ。

たとえば、二〇一二年一二月二二日には、震災がれきを受け入れていない北海道から大阪までの七道府県の市町や環境衛生組合などに、廃棄物処理施設整備費として総額約三四〇億円の補助金交付が決定していたことを、共同通信が報道している。

どうしてそのようなことが可能なのか。

この問題については、本書の後半でさらにくわしく説明する。

第3章

広域処理の必要性を検証する

政府の「要請」、さらに強まる

東日本大震災が起きた二〇一一年。

その年に湧き上がった「震災がれきの広域処理」問題は、放射能汚染を懸念する住民の声、それに押された各市区町村の慎重姿勢などによって、いったん、後景に退いた。

愛知県でも大村知事が環境省に対し、二度にわたって質問書を送るなど慎重姿勢を強めた。そうした流れが一転したのは、翌二〇一二年の三月になってからである。

本書の「はじめに」で紹介したがれきの山の写真が、朝日新聞朝刊の両面を埋めたのも三月六日だ。その五日後の三月一一日。

震災からちょうど一年になるこの日、東京の首相官邸で総理大臣の記者会見があった。

震災発生時に官邸の主だった菅直人氏はすでに退任し、野田佳彦氏が総理の座に就いていた。質疑に移る前の冒頭発言で、野田首相は「がれき処理」に言及し、こう発言している。

少し長くなるが、重要な発言なので引用しておこう。

「**がれき広域処理**は、**国**は**一歩**も**二歩**も**前**に**出**て**行**かなければなりません。**時**に**助**け**合**った**日本人**の**気高**い**精神**を**世界**が**称賛**をいたしました。**日本人**の**国民性**が**再**び**試**されていると**思**います。がれき**広域処理**は、その**象徴的**な**課題**であります。**既**に**表明済**みの**受入**れ**自治体**への**支援策**、すなわち処分場での放射能の測定、処分場の建設、拡充費用の支援に加えまして、新たに三つの取組みを進めたいと思います。まず第一は、法律に基づき都道府県に被災地のがれき受入れを文書で正式に要請するとともに、受入れ基準や処理方法を定めることであります。二つ目は、がれきを焼却したり、原材料として活用できる民間企業、例えばセメントや製紙などでありますが、こうした企業に対して協力拡大を要請してまいります。第三に、今週、関係閣僚会議を設置し、政府一丸となって取り組む体制を整備したいと考えております」

二日後の三月一三日午前。

今度は「災害廃棄物の処理の推進に関する関係閣僚会合」が初めて開かれた。

新聞報道などによると、会合の席上、野田総理は「復興復旧の大前提であるがれきの処理を進めるために政府一丸で取り組む。広域処理と再生利用の普及拡大が進むように一層の協力をお願いする」と強調している。

さらに「関東大震災の時には横浜に山下公園を造った。がれきを再生利用し、将来の津波から住民を守る防潮林や避難のための高台を整備し、後世に残したい」とも発言したという。

がれきの広域処理は震災直後、あちこちの自治体が表明した。それが二〇一一年の秋ごろになると、放射能汚染への懸念から慎重姿勢に転じる自治体が目立ってきた。愛知県内の市町村区が県を通じた環境省の意向調査に対し、相次いで「白紙」回答を示した経緯については、前章にくわしく書いたとおりだ。

そうした自治体の姿勢が再び、揺らいできたのである。

愛知県の大村秀幸知事は、この首相会見と関係閣僚会合に挟まれた三月一二日の記者会見で、次のように語った。野田首相発言を受けての見解表明だ。

「政府もようやくこの事態の重大性、大事さを理解したんじゃないかと思っております。これまで私は(二〇一一年)一〇月、一二月と県内全市町村の意見を集約する中で質問書を出してきました。我々は是非、協力したいと。しかし、県民の皆様に説得する、納得してもらう、そういう材料が要るんだと申し上げてきました。国の方は、いや、そういった数値はそれぞれの自治体で判断してくださいという話に終始しておりましたので、それは極めて遺憾だということを申し上げてきた」

そのうえで、時の最高権力者が文書で要請すると明言したことに対し、「文書を四七都道府県にホイとぶつけて『おい、やれよ』という、そういう感じがしてならんですがね」と批判している。

しかし、大村知事の真意は政府批判ではなく、発言の前段にあったようだ。住民を納得させる材料は政府の責任で出せ、という部分である。対住民の説得材料さえあれば、愛知県はやりますよ、という意味だ。

中日新聞が独自の取材結果として三月一六日朝刊で報じたところによると、東海四県に滋賀、福井両県を加えた六県において、正式に受け入れを表明した自治体はなかったという。「前向き」に検討中の市町村も、岐阜県関市、三重県多気町、福井県の敦賀市、坂井市、大野市、高浜町、おおい町の計七市町しかなかった。愛知県はゼロである。

こうした中、愛知県の大村知事は再び、「受け入れ表明」へ動いていくのである。震災直後の二〇一一年四月に一五万トン余りの受け入れを表明。同年秋になると、環境省に質問状を出し、いったんは慎重姿勢に。

そうした前年からの流れが再び元へ戻った。

大村知事による正式な受け入れ表明は三月一九日の記者会見だ。「おい、やれよ」という感じがしてならない、と自ら述べた会見からわずか一週間しか経っていない。

愛知県のホームページから、その日の大村語録を拾って見よう（読みやすくするため、言葉の一部を省略している）。

「**昨年四月**、**被災地**のがれきの**受け入れ**を**真**っ**先**に、**一五万**トン**余**り**表明**しました。その**後**、どう**具体的**に**受け入れ**ていくかを**検討**してまいりました。そういう**中**、**昨年一〇月**に（**略**）**放射性物質**の**付着**の**問題**が**出**てまいりました。**従**ってですね、**私**は、この**震災**がれきの**受け入れ**という**姿勢**は**一貫**いたしておりますけれども、**県民**、**市民**の**皆**さんに、やはり**安全性**の**面**などなどで**不安**を**与**えない、**安心**していただく。そのためにも**御理解**、**御納得**をいただける、そうしたデータ、きめ**細**かい基準などなどを、これは県ではできませんので、国がやはり責任を持ってやると言っておられるわけです」

「現段階では、残念ながら十分なデータ、資料等々いただいているというふうには、いっていないというふうに思っております。引きつづきですね、これはしっかりとしたデータ、資料をいただけるように、国にはしっかりと申し上げていきたい」

「しかしながらですね、そういう国の体たらくな状況だからといって、これをそのまま放置するわけにはいかないだろうと、私自身いろんな思いがありましたが、二月の末に、この震災がれきを愛知県として、県が主体となって、責任を持って受け入れていく決意を固めさせていただいた。その後、三月に入って県庁内部部局に検討、具体的な検討、私なりの考えを、こうだ、こういうのはどうだ、こういうのはどうだ、と指示し、関係者に協議をさせていただいているところでございます」

愛知県のがれき受け入れ計画とは

このときに愛知県が示した計画はどんな内容だったのだろうか。

一枚の資料がある。

愛知県が国に回答した最終処分場の候補地だ。

一番左は知多市新舞子にある名古屋港南五区最終処分場跡地。何度も埋立工期が延長され、二〇一

＜受入れ候補地＞

所在地	知多市緑浜町４番・５番
面積・容積	面積：２３．４ｈａ 容積：１９６万m^3
土地所有者	名古屋港管理組合

所在地	碧南市港南町２－８－２地先公有水面外２筆
面積・容積	面積：６７ｈａ 容積：６５６万m^3
土地所有者	中部電力（株）

所在地	田原市緑が浜三号１番地
面積・容積	面積：９ｈａ 容積：５９万m^3
土地所有者	トヨタ自動車（株）

2012年4月5日に大村愛知県知事が細野環境大臣に回答した「受入れ候補地」

〇年にようやくすべての埋立てが完了し、地域住民が跡地利用を心待ちにしていた。

真ん中が碧南市にある中部電力碧南火力発電所。現在の処理場が老朽化し、新たな処理場への建て替えを検討していた。

一番右が田原市にあるトヨタ自動車田原工場。自社内廃棄物専用の処理場として、地域と公害防止協定を締結していた。

これらの敷地内に、がれき処理専用の仮置き場、焼却炉、最終処分場(埋め立て地)を整備する。それが最終処分場計画の概要だった。

いずれも臨海地域ばかりであり、海からがれき搬入を想定しているようだ。

知多市新舞子の候補地は、連絡橋を渡ったすぐ先に名鉄新舞子駅がある。駅のそばに住宅が密集している様子は、地図上でも理解できると思う。

碧南市の候補地は、すぐ北側に田園が広がる。矢作川の河口とも隣接している。

田原市の候補地は、北側の埋め立て地にメルセデスベンツの工場がある。東側の埋め立て地には花王の工場が立つ。

どの候補地も生産や居住にとって大切な地域だ。

ここに、震災がれきを一〇〇万トン受け入れよう、という計画なのである。

では、どんな基準でどんな廃棄物を処理するのだろうか。

環境省は震災の年の八月に「災害廃棄物の広域処理の推進」に関するガイドラインを定めている。

翌二〇一二年一月までに三度改訂されたが、それに沿ってみてみよう。

可燃物の場合は、一キロあたりの放射性セシウムは最大二四〇ベクレルであって、それ以上は試験によって確認されていないという。

ただし、測定データはあくまでサンプリングに過ぎない。

一キロ当たり二四〇ベクレルのがれきを仮に一〇〇万トン受け入れたとしたら、環境中には最大二兆四〇〇〇億ベクレルの放射性物質をばらまくことになる。

すでにがれきを受け入れている山形県では、事前検査で「不検出」だった木屑の焼却灰から、一キロ当たり二〇四〇ベクレルが検出されている。

こうした懸念や実例がありながら、愛知県の臨海地域に最大で一キロ当たり八〇〇〇ベクレルのがれきや焼却灰を埋め立てる。それが一連の計画だ。

しかも「総量規制なし」である。

こんなことで、ほんとうによいのだろうか。

たとえば、東京電力の柏崎刈羽原発(新潟県)では、そこから出た「低レベル放射性廃棄物」は、一キロあたりの放射性セシウムが一〇〇ベクレル以下であっても黄色いドラム缶に入れて厳重に管理し、搬出後はコンクリートや土で固め、放射性物質が漏れ出ないように措置している。

この事実は十分に認知されてよいと思う。

「総量」の見直し問題で揺れる

愛知県の大村知事による広域処理の受け入れ表明から約二ヵ月後。

二〇一二年五月になって、広域処理の前提を覆す事態が起きた。がれき総量の見直しである。

予兆はあった。

このころ「がれきが思ったよりも少ないらしい」「がれきの受け入れを検討しているが持ってくる木くずがない」という情報が、ネット上で広まっていたからだ。

環境省による「総量見直し」発表は同月二一日だった。

その朝、日本では東日本から西日本にかけての地域で「金環日食」が観測されている。薄い雲が広がった地域も多かったが、雲を通じて太陽と月がつくったリングを見た人も多かったに違いない。首都圏での金環日食はじつに一七三年ぶりだったという。

「災害廃棄物推計量の見直し及びこれを踏まえた広域処理の推進（概要）」という文書を環境省が公表したのは、まさにその日である。

この見直しには、いくつもの矛盾や疑問、ごまかしとしか思えない部分がある。がれき広域処理の根幹にかかわる内容なので、くわしく見ていこう。

文書の中で、環境省は、災害廃棄物の推計量を見直している。それに先立って行われた宮城県と岩手県によるがれき総量の精査結果を受けたものだ。

文書によると、見直し後の宮城県のがれき総量は一一五〇万トンになった。見直し前の総量は一五七〇万トン。

一気に四二〇万トンも減ってしまったのだ。

見直し前、環境省が「どうしても現地で処理できないので広域処理が必要」としていた量は、どれくらいだったか。

環境省の廃棄物対策課の山本昌宏課長は二〇一二年四月、テレビ朝日の番組「モーニングバード」の「そもそも総研」に出演し、こう語っている。

「もともと**中**（**地元**）でできないものを**外**でやるという**考**え**方**ですから、**全部**できるんだったら**外**でやる**必要**はないんですね。**中**でできないものっていうのは**何**か、ということを**出**していただいたものをわれわれは、**岩手県**では**五七万**トン、**宮城県**では**三四〇数万**トンあります」

つまり、宮城県と岩手県合わせて約四〇〇万トンだ。

しかし、わずか一ヵ月後のこの見直しによって、宮崎県だけで四二〇万トンが減ってしまったのである。

ところで、環境省の見直しのもとになった岩手、宮城両県の「精査」はどんな内容だったのか。

岩手県のがれき総量は、四八〇万トンから五三〇万トンに増えた。増量分は五〇万トンになる。これは「不燃物」が七万トンから九〇万トンへ、じつに八三万トンも増えたことが主な原因だ。

しかし、ここにも巧妙な「トリック」が隠されていると、筆者は考えている。

これに関連し、五月一八日のＮＨＫニュースを紹介しよう。環境省による見直しが公表される三日前のことだ。

ＮＨＫのホームページによると、報道はこんな内容である。


「**東日本大震災**で**出**た**岩手県内**のがれきの**量**について、**岩手県**は**去年八月**、**四三五万**トンと**推定**し、**処理**を**進**めてきました。**関係者**によりますと、**処理**が**計画**どおり**進**んでいないため、あらためて**調**べた**結果**、これまでの**推定**より**一〇〇万**トン**近**く**増**えおよそ**五三〇万**トンになることが**分**かったということです。がれきに**含**まれていた**土砂**が**想定**より**多**かったことや、**海水**をかぶった**農地**の**土**などをがれきとして**処理**することになったのが、その**理由**です」


よく読めばわかるとおり、精査によって増えた「不燃物」とは、純粋な意味での「がれき」ではない。「がれきに含まれていた土砂」や「海水をかぶった農地の土」を「がれき」としてカウントしたにすぎない。簡単に言えば、これは「水増し数字」ではないか。

さらにニュースはこうつづく。

「そのほとんどは焼却処理ができないもので、岩手県内では処理するのが難しいため広域処理が必要な量も一五〇万トンを超え、当初の計画の三倍近くになるおそれがあります。がれきの受け入れを表明している全国の自治体の多くは木材などの可燃物を対象にしていて、受け入れ先の確保がこれまで以上に大きな課題となります」

広域処理では、これまで可燃物の話しか出ていなかった。なぜなら、不燃物は現地で再生利用する、復興資材として活用する計画だったからだ。

しかし、可燃物の量が大幅に減った途端、急に不燃物を広域処理する話が出てきたのだ。

この見直しに関する宮城、岩手両県知事のコメントも興味深い。

宮城県の村井嘉浩知事は五月二一日に会見し、がれきの「量」についてこう述べた。

「推計量というのは、たくさん処理しなければいけないと思っていたがれき（量）がだんだん少なくなってきたという分については、それほど大きく周りに迷惑をかけることはございませんが、少なく見積もっていて、思った以上にたくさんがれきがあるということになると、いろいろなところに大きなご迷惑をおかけいたします。私が当初指示いたしましたのは、雑駁な数字である限りはなるべく厳しく見積もるようにということでございます」

見積もりが甘ければ、予算不足などが足かせとなって、ほんとうに必要ながれき処理ができなくなってしまう。
その観点に立った村井知事の見解は、ごく真っ当であり、納得できるものだ。
岩手県の達増拓也知事はどうだったか。
達増氏も同じ五月二一日に記者会見を開いた。

記者　「**宮城県**では、**広域処理**に**回す**ガレキの量の**推計**がかなり**減**ったという**話**ですが、**岩手県**ではどのようになられる**見込**みかということを**教**えてください」

知事　「**四月**に**細野環境大臣**が**岩手県庁**にまでいらっしゃって、それで**今手**を**挙**げてくれている**都道府県**で**大体岩手**のほうで**必要**としている**広域処理分**について**調整**していけば**全部引**き**受**けていただける**目途**が**立**ってきたのでそのとおりお**願**いしようと、そこのところも**見直**しが**必要**になってくるとは**思**いますけれども、**基本**はやはり**手**を**挙**げてくださっているところであり、とくにも**地元**のほうで**受**け**入**れ**準備**、さまざま**試験焼却**までやって**進**んでいるところもありますので、そういうところからどんどん**受**け**入**れの**作業**に**入**っていき、そして**発災**から**三年以内**に**災害廃棄物**、ガレキを**処理**できるようにしていこうという**考**え**方**は**基本的**に**同**じだと**思**っています」

宮城の村井知事に比べると、とても歯切れが悪い。そう感じるのは筆者だけだろうか。歯切れの悪さは、どこに原因があるのだろうか。

処理が必要な「総量」はいったいどれくらい？

ここで、岩手県の「災害廃棄物処理詳細計画」を見てみよう。

計画は何度か改訂されており、ここで参照するのは二〇一二年五月にまとめた平成二四年度改訂版である。

そのなかに「広域処理の推進」という項目があり、以下のように記述している。

「**仮設焼却炉**を**設置**してもなお、**県内**の**処理施設**のみでは、**平成二六年三月末**までに**災害廃棄物**の**処理**を**完了**させることが**困難**であるため、**県外**の**処理施設**を**利用**する**広域処理**を**並行**して**進**めています」

同じ計画の「廃棄物処理・処分受入先リスト（県内の施設）」一覧を見ると、「一般廃棄物最終処分場」は沿岸被災地町村内に限定され、県内の他市町村での「処理・受入可能能力」は「ゼロ」だ。

問題はここからである。

この時点で、岩手県の「一般廃棄物最終処分場」の残余容量は一三〇万トンある。盛岡市の廃棄物処分場だけでも、四七万トンの残余容量がある。それにもかかわらず、計画では盛岡市の廃棄物処分場についてひと言も触れていない。岩手県内の「処理・受入可能能力」を過小評価しているのだ。

ほかにもある。

計画には「『漁具・漁網』は、県内での処理が困難なため、広域処理等とした」と明記しているが、「県内での処理が困難」な理由がどこにも書かれていない。この「漁具・漁網」(約五・四万トン)は、最終的には石川県や神奈川県で処理されていく。しかし、石川県や神奈川県に「漁具・漁網」専用の特別な最終処分場があるわけではない。

つまり、岩手県の「災害廃棄物処理詳細計画」もまた、最初から「広域処理ありき」で作成されたのではないか。計画の数字を見るだけでも、そうした疑念が払拭できないのである。

「がれき総量の見直し」に関しては、奈須りえ氏(東京都大田区議会議員、当時)も強い疑問を持ち、官庁の公表データや現地調査の結果をもとに分析を試みている。

奈須氏が問題にしていたのは、宮城県の「可燃物」、すなわち焼却処分を前提とした廃棄物だ。なぜなら、広域処理で問題となっている廃棄物は、ほとんどが搬送先で焼却する「可燃物」だからである。

奈須氏が同年六月にホームページで公表した自身の調査結果によれば、焼却処分される宮城県のがれき総量は、九二万トン減って二〇三万トンになった。

そこには自治体内で処理できる仙台市分(一〇万トン)が含まれているから、県が処理しなければならない「可燃物」は一九三万トン。

さらにこの時点で稼働間近だった仮設焼却炉での処理分を差し引くと、残りは二七万トン。広域処理が絶対に必要とされた「可燃物」の処理量は、宮城県の場合、この二七万トンである。そうした点を踏まえ、奈須氏は以下のように強調した。

・二〇一二年七月には仮設焼却炉三一基が完成し、稼働を開始する
・仮設焼却炉は年間三〇〇日稼働を想定している。これを前提にすれば、処理能力は計一八〇万トン
・稼働日数を三〇〇日から三二〇日にすれば、ほとんどすべて現地で処理可能になる
・今すぐ広域を中止し現地処理にシフトを

宮城県の「可燃物」にかぎった分析とはいえ、複雑に見えるこの問題をていねいに解きほぐしている。岩手・宮城両県や仙台市などを訪問し、行政担当者などからくわしく事情を聴いたうえでの分析だ。

そして、こうまとめている。

「（聞き取りによると、**仮設焼却炉は**）**連日稼働**をしていること。**仮設焼却炉**は**補助金**の**関係**でリースになっており、リース**期限**までもてばよいので**通常行う**メンテナンスのための**休止**などはしていないということを**聞い**ています。**例えば**、**一九三・四万トン**を**処理**するためには、**現在**の**三〇〇日稼**

働を三二〇日にすればよいということで、現状からみれば、不可能な数字ではありません。しかも、ここには、現地の被災していない地域の焼却余力や、既に余力が出ていると公表されている仙台市の余力は含まれていませんので、わざわざ東京まで持ってこなくても、仙台市の仮設焼却炉で焼却していただくことも可能ではないでしょうか」

「直近のデータからは、今すぐ、広域はやめて、現地処理にシフトし、莫大な建設費用をかけて建設してしまった仮設焼却炉の有効活用に専念し、せめて、輸送コストだけでも、節約するべきではないでしょうか。それとも、全国に建設してしまった清掃工場に余力があるから有効活用しなくてはいけないというのでしょうか」

奈須氏が分析したのは「可燃物」処理に関する内容である。

しかし、その指摘は「不燃物」の問題点とも重なる。

では「不燃物」の広域処理はほんとうに必要なのだろうか。

筆者もさまざまな公的データや関係者への聞き取りから、二〇一二年五月当時、「不燃物」処理に関して以下のように分析していた。

① 宮城県の最終処分場の残余容量は日本一

宮城県の最終処分場残余容量（県民一人あたり）は**日本一**で、**岩手県と宮城県の両県を合わせた最終処分場の残余容量は合計六四〇万立法**メートル（六五〇万トン程度）と**想定**される。

②がれき（不燃物）は**残余容量**の**範囲内**

見直しにより、**両県**を**合**わせたがれき（不燃物）の**総量**は、**一九〇万**トンにとどまり、**両県合**わせた**残余容量**の**範囲内**である。

③がれき（不燃物）についても**広域処理**の**必要性**が**破綻**

両県は、**見直し後の広域処理希望量**を**合計一二九万**トンとしているが、**県内処理**が**不可能**な**理由**について**合理的**な**説明**がない。

最後の③については、五ヵ月後の二〇一二年一〇月に会計検査院がまとめた「東日本大震災により発生した災害廃棄物等の処理について」に、以下の通り記載されている。

まず、岩手県に関する部分を抜粋しよう。

「**県内**の**最終処分場**における**焼却残さ等**の**埋立処分**が**必要**と**見込**まれるものは、③**県内処理施設**と④**要検討**の**一部**であり、**復興資材等**に**利用可能**なものはできる**限り再生利用**し、それ**以外**を**焼却施設**や**最終処分場**で**処理**するとしていて、**県内**の**限**られた**最終処分場**での**処理**を**極力抑制**する**計画**となっている」

「そして、最終処分場については、沿岸市町村以外の最終処分場は処理施設として挙げられておらず、また、沿岸市町村内にある最終処分場については、計算上、若干の余力があるものもあるが、自家焼却分のみ埋立てを可能としていて、受入が見込まれているのは前記の『いわてクリーンセンター』のみであり、最終処分場が十分確保できていない状況となっている。このように、県内の最終処分場を処理施設として挙げることに慎重なのは、県内の市町村において、新たな最終処分場の確保や増設が困難なためと思料される」

宮城県については以下の内容だ。

「焼却可能なもの二一三万トンのうち、各地域ブロック等の仮設焼却炉で焼却される一四一万トンについては、焼却残さ五〇万トンが発生し、この焼却残さの最終処分が必要になるが、計画では、この焼却残さのうち三二万トンを主灰造粒固化物として資源化するとされている。このため、処理・処分の最終段階では、再生利用可能なもの六八〇万トン（全体の八九・八%）と最終処分（埋立て）されるもの七七万トン（同一〇・二%）に二分されることになり、この割合をみると再生利用可能なものが全体の約九〇%を占めていて、県内の限られた最終処分場での埋立てを極力抑制する計画となっている」

「最終処分に関しては、処分先が確定しているのは、焼却残さの処分先である石巻ブロック内の

公設最終処分場の**四万**トンのみであり、**最終処分**が**必要**な**七七万**トンに**対**して**確定割合**は**五・二**％にとどまっている。また、**七七万**トンのうち**五二万**トンが**混合**ごみから**生**じる**分別後**の**残**さであるが、このうち**四三万**トンについて、**県内**で**処分**できないとして、**広域処理**を**要**するとしている」

筆者が当時分析したとおり「不燃物」については、両県とも「県内の限られた最終処分場での処理を極力抑制する計画」を立てていた、というのだ。

岩手県においては「県内の最終処分場を処理施設として挙げることに慎重」だというのだ。環境省はこれまで「被災地での処理施設の不足で、処理しきれない災害廃棄物。その受入れにご理解とご協力をお願いしています」（環境省パンフレット）と説明してきた。

しかし、これも事実と異なる説明だった。実際は現地での処理に余力を残したまま、広域処理に回していたのである。

残余容量が豊富な宮城県と違い、愛知県の最終処分場は残余率が一五％を切っていた。新たな最終処分場を建設しなければ、がれき（不燃物）の受け入れは不可能だ。

がれきの受け入れと引き替えに、被災地でもない愛知県に新たな最終処分場を整備することが、復興予算の正しい使い方と言えるのだろうか。

「絆」という美名の元で行われる「火事場泥棒」的な行為ではないだろうか。

図6　減らない「広域処理必要量」

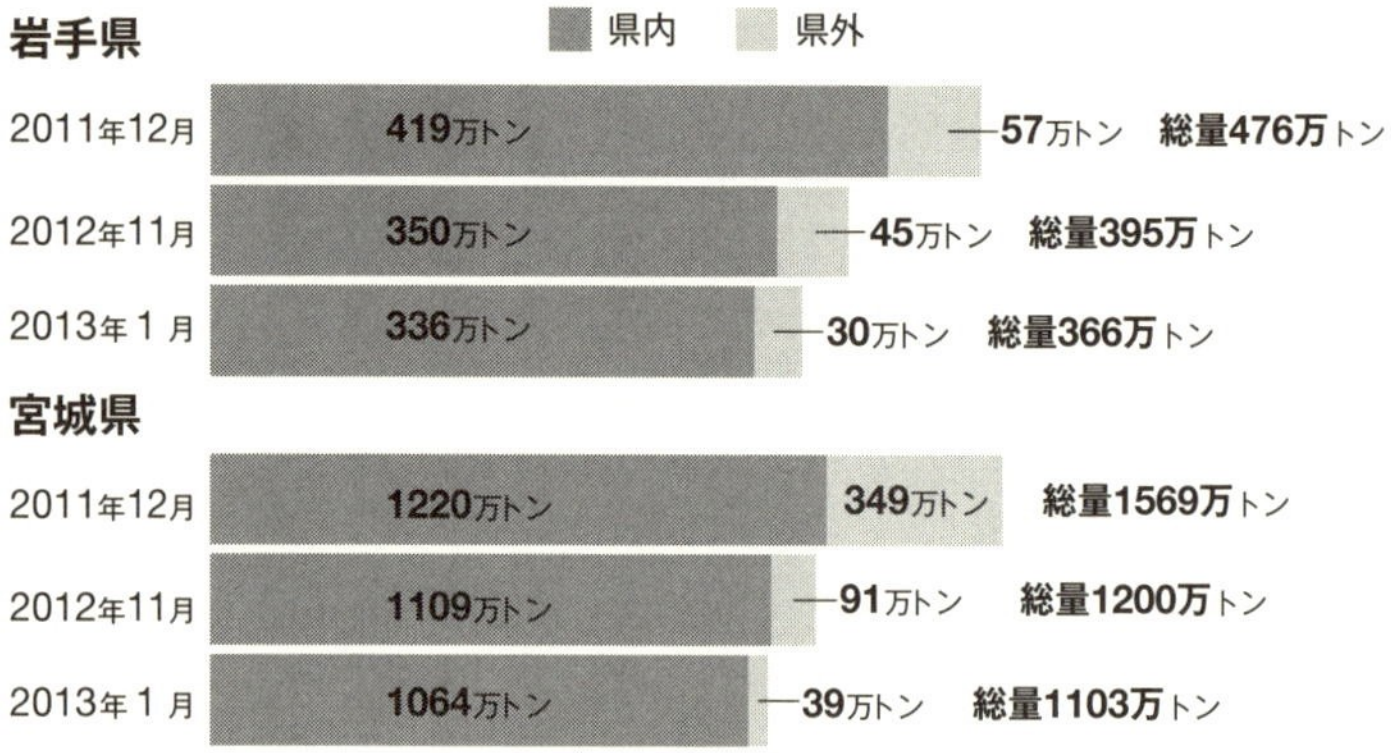

破綻した広域処理の必要性

震災被害からの復興に関しては、原発事故後の「デタラメな除染」「手抜き除染」が大きく報道された。ここまで本書をお読みいただいた方にはわかるように、震災がれきの「広域処理」もこれに負けないほど「デタラメ」な公共事業といえそうだ。

それはなぜか。

何度も繰り返すように、最大の理由はそもそも広域処理の「必要性」が破綻しているからだ。以下に具体的なデータでその根拠を示しておこう。

二〇一一年一二月六日、環境省がまとめた岩手県、宮城県のがれき処理計画がある。

この計画では、岩手県の県内処理予定量は四一九万トン、広域処理希望量は五七万トン。

宮城県の県内処理予定量は一二二〇万トン、広域処理希望量は三四九万トンとなっている。

しかし、二〇一二年五月以降に行われた三度の見直しによりがれき総量は、岩手県が三六六万トン、宮城県が一一〇三万トンまで減少した。両県とも、二〇一一年一二月の処理計画における県内処理予定量を、大きく下回る。

がれきの総量が減り、県内での処理余力が増えても、環境省はこの間、処理コストが高い広域処理にこだわりつづけた。見直しの度に、県内処理予定量を減らして広域処理希望量をキープしていた。広域処理の「必要性」を証明するがれきの正確な量も把握せずに、現地処理より高コストの広域処理ありきで進めようとしていたのだ。

これでは、とても納税者として納得できる政策(公共事業)とはいえない。

二〇一二年五月二一日にがれきの総量が大きく減ったとき、環境省がやるべきことは、新たな広域処理の調整ではなかったはずだ。

まずは、がれき総量のずさんな推量をやめて、そうなった理由を検証し、その過程と結果を国民に説明しなければならなかった。

そのうえで率先して広域処理を中止し、ほんとうの意味で被災地の役に立つ施策を進めなければならなかった。

愛知県の東三河地域、「広域処理より、物的・人的支援を」

話を愛知県に戻そう。

大村秀幸知事が三月一九日に受け入れを再表明した後、豊橋市など東三河地域の八市町村で構成する「東三河広域協議会」で動きがあった。がれき処理の実態がどうなっているかを調査するため、四月下旬、新城市長を団長とする調査チームを被災地へ派遣したのである。

調査チームの結論は明快だった。

「**本格的**な**復刻**と**生活再建**に**入**るがゆえに**生**じてくる**自治体業務**を、**直接**・**間接**に、かつ**計画期間全般**にわたって**物的**・**人的**に**支援**し**続**けることが**何**より**必要**である」

では、広域処理については、どんな結論を得たのだろうか。

「いずれの**自治体**においても、まず**自区内処理**を**再優先**に、**自**らの**地域**で**解決**できるものは**自**らで**解決**するとの**強**い**決意**と**自負**を**持**って**取**り**組**んでいる」

「ガレキ**処理**の**財政的裏付**けも**焼却**プラントの**建設**も、**先**を**見通**せない**状態**が**長**く**続**いたが、**復興財源**の**確保**と**処理**システムの**整備**によって**局面**は**変**わりつつある。『**広域処理**』のあり**方**については、こうした進捗を踏まえた検討が必要である。このため今回の調査結果を参考に、また愛知県、国の方針を再精査した上で、当協議会として共通の対応方針を協議・決定をする」

被災した市町村は、宮城や岩手という「県」レベルの考え方と違い、「域内処理」を最優先して頑張っている。そういう認識を表明したのだ。

そのうえで、当面は「被災市町村から要望の強い人的支援の継続・充実」を図ろう、し。それが東三河の支援なのだ、と。

「広域処理」については、その妥当性が確認できた段階で、改めて放射能に関する安全基準の検証を行い、管内施設の状況も踏まえたうえで検討する、と。

ところが、こうした動きに対抗するかのように、愛知県は二〇一二年六月、県内全市町村の担当者を県庁に呼び、県が独自に決めた安全基準を説明、公表した。

同時に、がれき受け入れに向けた試験焼却を行うためのアンケート調査を開始したのだ。

「受け入れノー」へ向け、愛知県で再び住民活動活発に

がれき問題を考える住民活動は、このころも休むことなくつづいていた。

前年の二〇一一年一〇月に各自治体に対する要請を立てつづけに行った後も、ほぼ毎月、名古屋市やあま市、岡崎市、豊田市などで勉強会を開催し、広域処理の問題点について各地域の住民たちと学

習を重ねた。

むろん、「反対のための反対」活動ではない。

がれき処理について政治家や自治体職員任せにするのではなく、安全面や法律面、行政手つづき面、そして予算面から問題点を検証し、住民が自ら学ぼうとする市民科学的な活動だ。勉強会には、地域住民だけではなく地元の地方議員や自治体職員も参加した。

こうした活動を通じて、住民たちと地方議員や自治体職員との信頼関係が築かれた地域も少なくない。

六月から七月にかけ、私たち住民グループは再び、自治体への要請活動に乗り出した。

勉強会や議員面談で築いたネットワークを活かし、まずは広域処理の問題点を整理した資料や要請文を愛知県議会議員一〇三名全員に送ることにした。話を聞いてくれるなら、自民党から共産党まですべての議員に協力を呼びかけた。

六月二八日には、大村知事と同じ会派である荒深久明臣議員主催の報告会にも参加した。

その場で、河村たかし名古屋市長や名古屋市の経営アドバイザー(環境)を務める中部大学の武田邦彦教授にも資料を手渡した。

その際に開かれたパネルディスカッションには、筆者もパネリストとして加わり、広域処理問題についての問題点を訴えた。

そして、自治体への要請行動が実際に始まった。

「無意味な試験焼却を行わない」

「復興予算の流用であり、税金の無駄遣いである広域処理を中止しよう」

そのように訴えたのである。

ここで筆者が管理人を務める情報コミュニティーの内容を再び紹介しよう。二〇一二年六月から再度活発になった住民たちと地方議員や自治体担当者とのやりとりだ。

情報コミュニティーに残された記録の、ほんの一部、抜粋ではあるが、第二章と同様、発言者は異なっている。

発言者の名前を明記しないことや、読みやすくするために適宜、文の省略や削除などを施していることはお許し願いたい（地の文は住民たち、「　」内は担当職員や地方議員のコメント）。

【二〇一二年六月――県議会議員一〇三名全員に手紙と資料を送付】

――このままの流れだと、恐らく愛知県には焼却炉ではなく埋立処分場がつくられると思います。愛知県内の全県会議員に情報提供するよう、皆さんで手分けして作業しましょう。

――協力を呼び掛け手分けして作業すれば、全議員にも伝わると思います。

――ご自分の自治体、またご近所の自治体の県議さんへアプローチされるのが良いと思います。

――議員さんって選挙区民の声が一番聞こえるんですよね。

――知多郡ってもう送る方、決まっていますか？　森下さんと何度かやりとりしてて、今度の議会でがれきのことを発言するとのことなので送ろうかと思うのですが。

――愛知県議会の六月定例会の日程が固まりました。開会は一八日(月)。各会派の代表質問は二〇日(水)、議員個人の一般質問は二一日(木)、二二日(金)。がれき関連を審議する「地域振興環境委員会」は、二六日(火)、二七日(水)。閉会は七月五日です。これで決まるかもしれませんね。今週中に送付したい。

――資料を読んでもらえるよう、資料と一緒に自筆の手紙またはメールを添えてください。

――東北被災地に足を運ばれた方は早くがれきをなんとかしてあげたいとの思いが強く、私たちの活動が「東北の人の気持ちがわかってない、自分たちは安全なままでいたいと言う自己中心的な考えだ」と思っている方もいます。そこで、私たちは心から「被災地のほんとうの復興」を願っているのだ。とのアピールを「森の防潮堤」のことも少し絡めて書いてみます。現地を見て来た人の心も動かすようなお手紙がかけるといいですね。

――森下県議から昨日送った手紙の返事がきました。「きょう、ちゃんと郵送届いた」と。森下県議は二二日の議会で、がれきに対する一般質問をする予定だそうです。「ぜひ多くの人に傍聴に見に来てほしい」と言っていました。どうか、見に行ける方ぜひお願いします。「若い県議員からも七〜八人、広域処理に疑問を持つ声が上がっている」そうです。

――半田市の堀嵜(純一)議員から、がれきに関して自民党県議の方針について電話がありました。「奥村悠二議員が愛知県の自民党県議の取りまとめをして、がれきに関しては、県内三ヵ所の処理の必要なし、というところで議論していく方針」とのこと。

――小山たすく議員(民主)、電話をいただいたので報告します。「資料拝見しております。他の方からも広域処理に関しての資料はいただいています。森の防波堤の話は知っています。しかし、それだけではいけないと思います。基本的に広域処理を進めるべきであると考えております。広域処理を望む声を現地から聴いております。皆様が危惧している安全面の問題はクリアしなくてはいけないと思っています。考え方の根本が違うことはご理解ください」。事前に広域処理超推進派と聞いていたから覚悟はしていたが。話し方は穏やかだけど、なかなか高いハードルのようです。

――長坂康正氏（自民）よりハガキによる返答あり。「この度は貴重なご意見・資料をお届けいただきありがとうございます。県議会でも同趣旨の意見、議論を連日県の理事者側に質しています。絆の意味もかみしめ、県民の安全を第一に発言してまいります。取り急ぎお礼まで」

――水野（富夫）県議（自民）より電話がきました。「県側に資料がなく判断できない。輸送も陸上か海上かも決まってない、焼却灰か雨水によって溶け出す可能性。これらの問題対策がまったくない現状で受け入れ可能か判断はできず、六月議会では自民としては反対せざるをえないだろう。議員の元にはさまざまな不安の声が届いている。また資料などいろいろ教えてほしい」とのこと。若い議員さんは市民からの声や資料をほしがっている。

――愛知県議会の一般質問の内容です。

森下議員「がれきを愛知県で処理したら現地処理の五倍以上の費用がかかる。財政がひっ迫している今、ムダ金を使っている場合ではない。がれきは現地で処理し、この差額を直接被災地に送るべきではないか」

「自分のところには毎日県民からの不安を訴える電話や手紙が来る。県民の不安をどうとらえているのか。勇気ある撤退をお願いしたい」

青山（省三）議員（自民）「不燃がれきの受け入れは、運搬費用や県民の不安を考えたら現地で埋め立

て に使うべきでは」
大村知事「現地や国、岩手県議団から要請があるので、日本人として引き受けたい」

【二〇一二年七月——自治体を訪問して要望書を提出】

——七月末までに県への回答内容の検討状況を確認する。試験焼却およびがれき受け入れについて慎重な対応を求める要望を、各自治体に出向いて直接伝える。自治体に行く際は、その自治体の住民複数と可能であれば議員と同伴する。要望は、東三河地域、西三河地域、知多地域の一〇自治体（①東三河広域協議会〔田原、豊橋、豊川〕、②岡崎市、③豊田市、④安城市、⑤碧南市、⑥刈谷市〔西三河地域〕、⑦常滑市、⑧知多市、⑨東海市、⑩半田市〔知多地域〕。

——（田原市）返信が来ました。

「ご意見をいただいた皆様へ、貴重なご意見をありがとうございます。今回の震災がれきの受け入れにつきましては、被災地の早期復旧を図るうえで重要な課題となっておりますが、市民の『安全・安心』を第一に考えて対応を検討するべきであると認識しております。田原市の方針といたしましては、東三河広域協議会を構成する八市町村で足並みをそろえて対応してまいります。詳しくは、田原市ホームページ　緊急のお知らせ『東日本大震災による災害廃棄物（がれき）受け入れに関する田原市の対応（六月二一日）』をご覧ください」

——知多市から返信きました。

「愛知県が進めている知多市内・名古屋港南五区での東日本震災がれきの受入れ計画についてメールをいただいた件につきまして、以下のとおり回答します。環境大臣が発表している災害廃棄物の広域処理の調整状況について、情報をいただきありがとうございました。知多市では、今までにも愛知県に対し、市民の皆様が納得できるような説明会を早期に開催すること、風評被害が起きた場合の責任の所在を明確にすることなどを、強く要請してまいりました。愛知県は、六月一五日に処理するがれきの放射能濃度に関する埋立基準・受入基準を発表し、今後、現在実施している調査の結果を取りまとめたうえで住民説明会などで根拠を説明するとしてきましたが、県議会での調整が難航し、現在も結論が出ていない状態です。試験焼却につきましては、本市では実施しない旨の回答を愛知県に対しいたしました。がれきの受入れ問題につきましては、多くの皆様から、さまざまなご意見やご要望をいただいておりますが、本市といたしましては、市民生活の安心・安全の確保が第一と考えておりますので、愛知県から具体的なお話があれば慎重に対応してまいります」

――刈谷市に問い合わせました。

「首長会議では結論はでなかった。燃やすがれきもうないという意見も出ていた。一四日の臨時県議会でも予算が通らない可能性が高く、そうなればアンケート自体もなくなってしまう。県の動向を見ている。刈谷市は知立と共同の焼却炉なので知立市とはこれからも連携を密にとっていく。反対の意見が多く、市長にも報告している」。職員は予算が通らないと思っている様子でした。

愛知県議会で「がれき処理予算」を審議

自治体へのこうした要請活動がつづいていた最中、愛知県議会も大きなヤマ場を迎えた。

二〇一二年七月一四日。

この日は土曜日にもかかわらず、臨時議会が召集され、「がれき処理予算」についての審議がされたのである。

これに先立つ七月五日。

開会中の定例会において、県執行部は補正予算案を提出。そのなかに新焼却炉建設に関する費用として、七〇〇〇万円を計上していた。

この章ですでに示したとおり、新焼却炉計画とは、知多市新舞子にある名古屋港南五区最終処分場跡地、碧南市にある中部電力碧南火力発電所、田原市にあるトヨタ自動車田原工場の三ヵ所を指す。

この関連予算に自民党が「待った」をかけた。建設予定地での住民説明会などの予算は不要だと主張し、その分の一四五〇万円を削除する予算修正の動議を出したのだ。

もともと、この予算は議会の審議を経ず、知事が「専決処分」で決めたもの。それに対する反発もあったと思われる。

愛知県議会では自民党が多数を占める。この時も自民党の修正動議は可決されたが、今度は知事がそれを不服とし、もう一度、議会での審議を求める「再議」を求めた。

七月一四日の土曜日に開かれた臨時議会は、その「再議」のためだった。この日、知多半島でがれき広域処理に反対しているグループの呼びかけに応じて、自治体要請行動に取り組んでいた住民たちが、議会の傍聴に集まった。

県議会は普段、空席が目立つのではないかと思う。この日は違った。多くの住民たちで埋まっている。筆者が参加した勉強会で見かけた住民たちも大勢いる。名古屋の、尾張地域の、知多半島の、西三河地域の、東三河地域の住民たちが、みんな「がれき処理予算」の審議に注目しているのだ。

結論から言うと、「愛知県、がれき予算成立　県原案通り」だった。自民党の修正動議を再議で通すためには、三分の二の賛成が要る。その数は得られなかった。

「再議」では、自民党と民主党が、それぞれ賛成の立場で主張した。

手元のメモによると、私たちは当時、こんな発言に注目した。

「**総量見直**しでがれきは**当初**の**六割**に**減**った」（減税日本・ナゴヤ）

「**県**の**予算案**は**可燃物**と**木屑**の**受入**れを**想定**したものなので、**前提**が**変**わった**以上**、**計画**の**見直**しが**必要**」（自民）

「**県**の**受入量**は、**去年**の**一五万**トンから**五〇万**トン→**一〇〇万**トンとコロコロ**変化**しており、**今**の**計画自体**に**疑問**」（自民）

「だれでも**参加**できる**住民説明会**が**必要**」（自民）

「がれき**処理経費**は**国**の**全額負担**を**五月議会**で**可決**している」（自民）

「いつでも**臨時議会**に**応**じるので、**専決処分**せずに**議会**を**招集**すべき」（民主）

環境省、なおも「広域処理」実現に動く

日本社会は「忘れっぽい」と言われる。

東日本大震災から一年五ヵ月しか経っていないのに、二〇一二年の夏、日本のメディアは震災や原発問題を忘れ、ロンドン五輪の報道に熱を入れていた。

その八月七日。

環境省は「災害廃棄物の処理行程表」を公表した。五月二一日の処理計画見直しと同様、この「行程表」も多くの問題を抱えていた。

いかにしてがれき総量を多く見せるか。

いかにして広域処理分のがれきを確保するか。

そうした目的のために、数字を動かし、調整し、なんとか辻褄を合わせようとした、としか思えない内容だった。

たとえば、岩手県の「可燃物・木くず」。

六月二九日の第三回関係閣僚会合で配布された資料では、五三・一万トンが県内処理、二九・二万トンが県外処理の予定とされていた。

ところが、八月七日の「行程表」を見ると、県外処理分は二九万トンのままなのに、県内処理分は四六万トンへと七万トンも減っている。

新たに追加された「漁具・漁網」の八万トンはすべて県外処理分に割り当てていた。

宮城県の事例も拾ってみよう。

「不燃混合物」の場合、六月二九日の閣僚会議で配布された資料を見ると、三六・六万トンが県内処理、三九・二万トンが県外処理の予定だった。しかし、約四〇日後に公表された「工程表」によると、県内処理分は二九万トンへと七・六万トン減る一方、県外処理分は四八万トンへと逆に八・八万トンも増えている。結果、宮城県の「不燃混合物」は合計七七万トンになった。

これまで説明してきたとおり、宮城県には一般廃棄物の最終処分場だけで五七三・三万トンもの残余量（環境省公表データ）がある。

それなのになぜ、四八万トンの「不燃混合物」を県外処理する必要があるのだろう。細野豪志環境大臣（当時）は「一刻も早くがれきを処分したい」と表明していた。

ほんとうにそうであれば、岩手県の「漁具・漁網」（八万トン）や、宮城県の「不燃混合物」（七七万トン）のすべてを、宮城県内で最終処分するのがもっとも合理的ではないだろうか。

がれき処理予算は総額で一兆円を超える。これらの「数字のマジック」を知った後で「一兆円」を眺めてみると、広域処理は、もはや被災地支援とは言えないのではないか。

予算の死守とその配分の確保、そこに絡みつく利権、官僚と政治家のメンツ。

そういったものが前面に浮かび上がってくる気がしてならない。いずれにしろ、極めて不透明な公共事業であることは明らかだった。

愛知県、ついに広域処理計画を断念

愛知県議会の「再議」を経て、がれき処理の関連予算が成立した後、事態は再び大きく動いた。

まず、八月一三日。

大村秀幸知事は記者会見で、市町村を対象に県が実施した「試験焼却」アンケートの調査結果を明らかにした。住民グループが懸命に繰り広げた自治体要請行動。それも大きく影響したはずの調査結果である。

愛知県のホームページには、そのやりとりが残っている。

知事の発言はこうだ。

「私は五月の半ばから一週間ぐらいかけ、電話もしくは直接お会いした方もおりますので、市町村長の皆さんに全員にお話もさせていただきました。そのときは感触的には大体三分の二ぐらいの市町村長さんが、これはやっぱり日本人として、国民としてこれはやらなきゃいけない、前向きに検討させていただきますと言った方が多かったわけでございますが、率直に言って、その後、状況が大分変化をしてきたということがあったかと思います」

その後、質疑に移った。

記者　「（アンケートの結果）試験焼却を引き受ける意向のところがなかったとのことですが、県の方針として、可燃がれきの受け入れは難しいということですか。あくまで引き受けたいということでしょうか」

知事　「愛知県は廃棄物の焼却は、基本的に市町村の仕事。県は焼却施設を持っておりませんので、市町村にお願してやろうということでありましたけれども、今の状況からして難しいということであれば、可燃物の焼却処理引き受けは、なかなか難しい。ということだと思います。私どもとしては三ヵ所を候補地として、今計画づくり、それから環境調査などをやっておりますが、不燃物につきましては引きつづき、これは環境省のほうから要請があります」

そして八月二三日を迎えた。臨時県議会の「再議」からおよそ四〇日後である。

この日、環境省と宮城県の担当者が愛知県を訪れ、「宮城県内での処理や既存施設での処理が進んで、広域処理の必要量が減る可能性があり、愛知県に協力を要請する状況ではないと判断した」と申し出て、広域処理の要請を取り下げた。

これを受け、大村知事も震災がれきの受け入れに関し、正式に中止を表明したのだ。

ここは新聞報道によって、当時の様子を見てもらおう。

震災直後から愛知県知事は、「二〇一一年四月の受け入れへの表明」→「同年秋の慎重姿勢」→「二〇一二年三月一八日の受け入れ再表明」→「愛知県内三ヵ所での処分を計画」→「計画の正式撤回」と態度が揺れつづけた。

この間、一年四ヵ月。筆者たちが取り組んできた住民運動もいったん幕を閉じることになる。

候補3市「適切な判断」
愛知県 がれき受け入れ中止
市民複雑…「ほっとした」「計画が無理」
三重知事 宮城県の努力
岐阜知事 出発点違う話
震災がれき
愛知県 受け入れ中止表明
宮城県、処理要請を撤回
がれき受け入れ計画中止
知事会見 詳報
「宮城県、環境省方針 率直に受け止めたい」

震災がれき受け入れ中止表明を報じた2012年8月24日付の中日新聞（朝刊）

ひと区切り付いて、住民たちは

二〇一一年四月から始まった「震災がれきの広域処理」問題。

愛知県が正式中止を表明するまでの一年四ヵ月、運動に加わった住民たちは何を考えていたのだろうか。

その後に寄せられた「声」の一部を抜粋するかたちで紹介したい。

放射能問題や行政のしくみなどとは無縁だった普通の住民たちが、自ら考え、動く。その経緯と当時の胸中を知ることができる。

この間、政府要人やマスコミ、行政機関の官僚たちからは、「絆」や「応援」といった「耳あたりの良い」言葉があふれていた。

しかし、戸惑いながらもがれき問題と向き合った住民たちも、みな真剣に物事を考えていた。

彼ら・彼女らは、一人ひとりが主権者である。

【あま市の女性】

▼放射能が危ないと気づいたのは、ツイッターを登録してすぐでした。家の中を日張りし子ども達は幼稚園を休ませて、最低限の買い物だけマスクを二重にして外出していました。▼玄関で服を脱ぎ、靴底を拭き家の中を水拭き。今考えると笑ってしまうような、笑えないような。その時は必死で、子どもを守らねばという一心でした。あの頃、被災された方や日本の未来や生きることを心配し、誰もが『自分に出来ることは何だろう』と考えたと思います。▼主婦の私に出来ることは『隣の人に伝えること』だと思いました。放射能の知識も全くなかったのですがインターネットで調べ、友人向けに八回勉強会を開きました。幼稚園の園長先生に食材の危険を伝え、母の会にも働きかけました。たった三ヵ月しか経過していませんでしたが、もう風化していたように思います。▼うちの近くの焼却炉でも燃やされるかもしれないと知りました。要望書を一〇〇通出した人がいると聞いて、これも私にも出来ることだと思い、子どもが寝た後に要望書を作成してあちこちに送りました。ツイッターで声をかけて貰って議員面談もしました。毎日のように勉強会へ出向いて仲間達の作った危険性を知らせるチラシを配りました。▼みんなからは無理だと言われていたけど請願書を出す事を決心。そして採択！主婦一人でも諦めなければ、何でも出来るものなんですね。やる気の源は『子どもを守りたい』。この気持ちがなくならないかぎり、これからも行動し続けると思います。

【豊田市の女性】

▼三・一一の後、小さな子どもを抱えて、漠然とした不安の中、過ごしていました。どこまでが安全かがわからず、石垣島に一ヵ月ほど滞在もしました。どうしたら子どもを守れるのか。色々な情報を集めていた中で、放射性物質を含んでいるかもしれない震災がれきが、広域処理されるかもしれないことを知りました。しかも、ここ愛知県でも燃やされるかもしれない。どうしたらいいのかと思っていた時、同じ想いを抱える方々との出会いがありました。▼私は小さな子どもがいたこともあり、広範囲に動けなかったり、時間に制約があったりしましたが、仲間からの色々な情報を見聞きしながら、自分にできることを進めました。家にいても電話はできるので、よく市役所の担当の方と話をしていました。▼全国で見れば、予算のために安全性のわからないがれきを受け入れ、焼却した市町村がありました。「被災地のため」ではないのです。「助け合い」でもないのです。▼私の宝になったのは、一緒に反対運動をしてきた仲間たち。世の中や大人たちの悪いところばかりが目に付く中で、あ～こんな人たちもいるんだよね、日本もまだ捨てたもんじゃないよね！と思わせてくれた出会いに、心から感謝したいと思います。

【岡崎市の女性】

▼子どもを守る為に自分でもできることがあれば、と思い、できる範囲で、できることだけ、行動してみました。議会で、放射能汚染について質問されていた議員にコンタクトを取り、五人で面談してもらう。▼市役所のがれき担当者の所へ、こまめに足を運び、こちらから資料を渡したり、子どもを守りたい思いを伝えた。逆に、ゴミ処理のしくみや、化学の知識など、色々なことを教えて

もらうこともあった。▼「放射能から子どもを守りたい会の集い」を企画開催。市議会議員二名を含め、三〇〜四〇名の参加者あり。市役所の担当者にも出向いてもらい、がれき問題に対して市の見解をお話してもらい、参加者からの質問にも応じてもらう。先が見えない戦いですが、できる範囲で、子どもを守っていきたいです。

【知多半島に住む住民】

▼看護師なので放射能、放射性廃棄物の取り扱いは厳重管理が必要だと知っていました。ところが政府の放射性廃棄物の取り扱いは法整備が行われていないのをいいことに、全国に拡散するものでした。愛知でがれきを受け入れると健康被害が出ると簡単に想像できました。チェルノブイリの子供達のようになってしまうと。▼当初どう行動すれば止められるかなどのノウハウは持ち合わせておらず、パソコンで情報を得るうちにツイッターの利便性を知りアカウントを取得。その後、仲間ができ、アドバイスをもらい、情報共有しました。▼チラシ作製、ポスティング、勉強会や講演会の手伝いや参加、行政や議員へ手紙や意見書を送る、県議会の傍聴、県庁前での抗議行動、ツイッターで情報を広めるなど。役立ちそうな事は何でもしました。▼政府の放射性物質の取り扱いでは全土に放射性物質汚染が広がります。政府という大きな力を正しい道に導くのは大変だなと感じる毎日です。

【半田市の男性】

▼受け入れ反対運動で感じたこと学んだ事。一番は、個人が動く、に尽きると思います。私が住む半田市の人口は一二万弱。その中で活発に動いていたのはそんなに多くはないと思う。それぞれが自分の判断で得意分野を生かし誰に言われるでもなく行動していた。▼きっと地域や子供を守るという意識が特にお母さん方を動かしたんでしょう。フットワークは軽かった。必至だった！▼ある日、議会の全員委員会を仲間と三名で傍聴させてもらった。市長は、市民の皆さんが不安を抱くようながれきの受け入れは考えていません。と、その場で述べて頂いた。嬉しくて泣けた。▼住民の殆どが、国が言っていた処理に長い年月が必要という話を信じていた。宮城県は一九年・岩手県は一一年の時間が必要としていた。実際には二六年三月末で処理は終わった。▼国は平気で嘘をつく。行政は、いたる所で判で押したような文言を使っていた。「痛みを分かち合わなければならない」。この言葉には、被害者意識を利用したファシズム的な臭いを感じていた。

【日進市の女性】

▼私が住んでいるのは、福島産の花火を使用するか是非かの騒ぎで、全国紙でも騒ぎとなった日進市です。人口約八万五〇〇〇人という小さな市。愛知県のがれき問題を話す前に、あの花火の騒ぎから話さねばなりません。▼毎年、日進市の祭りで花火が打ち上げられます。ささやかな地元の人々の為の大会です。それが復興支援という名目で福島県川俣町の花火製造会社の花火を使うこととなり、私は必死に放射能のことを調べ、問い合わせや抗議をしました。私以外にもかなりの抗議がありました。誹謗中傷も同じかそれ以上ありました。こんな小さな町に、市役所前には右翼の街

宣車まで来ました。▼ワイドショーは連日、無知なる主婦のパニック、ヒステリー、風評被害だとひたすら繰り返し。まずは測定してくれと書いた市宛の私のメールも勝手に番組に使われ、ひどく傷つきましたが、屈したくない気持ちで一杯にもなりました。市長は川俣町まで謝罪に出向き、土下座をさせられました。どちらが無知でヒステリックなのかと、呆れる報道ばかりが続きました。▼花火玉を測定したところセシウムはしっかり検出されました。結果、打ち上げは取りやめ、一旦保管ということにはなりました(残念ながら次の年には打ち上げられました)。▼花火への懸念から始まった私たちの地味な抗議活動も、がれきの受け入れ拒否には多少なりとも繋がったんだ、と強く信じています。

【知多半島に住む住民】

▼三月二四日夕方、愛知県知事が「被災地がれきを受け入れ、知多市・碧南市・田原市の三ヵ所で焼却する」と発表した。それを受けて、二六日にはネット上で募った有志数人で県庁へ抗議。この時はマスコミが来て、夕方のローカルニュースで放映されたが、後には県庁が「マスコミを連れてくるなら会わない」と言いだし、抗議等の様子が報道されることはなくなった。▼四月初旬に「チーム知多半島」を結成し、チラシを作ってポスティングを開始した。次いで「チーム碧南」も結成。▼市議さんに面会してがれき受け入れの危険性や金銭面での無意味さを示す資料を渡したり、電話・手紙で訴えたりした。反対派の県議さんにも手紙やファクスを送付。水産業界を地盤とする反対派県議さんは議会で質問してくれ、われわれは傍聴へ。傍聴には漁協組合長さんたちもたくさん。議員さんの言われた言葉「知事は振り上げた拳のおろしどころを探しているんだ。あと一歩だ」に力づ

けられた。▼知多半島のある首長さんはもともと三・一一以後の放射能汚染に危機感を持っていたようで、がれき受け入れに関しても「具体的に県に反論できる数値データがほしい」と。後にこの町に電話したところ「うちは首長が反対だから大丈夫（試験焼却なんてやらない）ですよ」と。首長の力の大きさを実感した。

がれき広域処理の本質的な問題

――池田こみち
環境総合研究所顧問

減りつづけた災害廃棄物量

東日本大震災によって発生したいわゆる災害廃棄物等（災害廃棄物および津波堆積物）の発生量は、環境省発表の最新資料（二〇一三年三月二二日付）によると、被災三県（岩手・宮城・福島）合計で二六七〇万トン、うち災害廃棄物が一六三〇万トン、津波堆積物が一〇四〇万トンと推計されている。しかし、環境省が発表した災害廃棄物の量は、何回となく下方修正され（表1）、不信と混乱を招いてきた（ここでは、おもに広域処理の対象である岩手県、宮城県を対象とする）。

なぜ、廃棄物量は減りつづけたのか。環境省に質問すると、「早期に処理計画を立てる必要があったことから、衛星画像を用いて浸水区域を特定した上で、当該浸水区域に存在していたすべての家屋等が災害破棄物になったと仮定して、災害廃棄物量を推計した」という。その後、災害廃棄物のより詳細な発生状況が明らかになったため、当初の推計量より減少したというのだ。だが、私たち*は震災直後から、独自に被災県や環境省にヒアリングや情報開示請求、現地調査を行い、現地に整備される仮設焼却炉の処理能力と焼却対象廃棄物の量、処理期間（二〇一二年七月〜二〇一三年一二月末）から推計

表1　環境省発表の災害廃棄物総量と広域処理希望量の推移

単位：万トン

	宮城県		岩手県	
発表年月日	総量	広域処理希望量	総量	広域処理希望量
2011年12月6日	1570	344(22%)	480	57(12%)
2012年 5月21日	1150	127(11%)	530	120(23%)
2012年11月16日	1200	91(8%)	395	45(11%)
2013年 1月25日	1103	39(3.5%)	366	30(8.2%)

(　)内%は、広域処理希望量の瓦礫総量に占める割合。

表2　宮城県内のブロック別仮設焼却炉建設基数と処理能力

仮説焼却炉				基	処理能力［t／日］
宮城県	気仙沼ブロック	南三陸処理区		3	285
		気仙沼処理区	階上地区	2	400
			小泉地区	2	300
	石巻ブロック			5	1,500
	亘理・名取ブロック	名取処理区		2	190
		岩沼処理区		3	195
		亘理処理区		5	525
		山元処理区		2	300
	東部ブロック			2	320
	宮城県(仙台市以外)合計			26	4,015
	仙台市			3	480
宮城県合計				29	4,495
岩手県	宮古地区			1	95
	釜石地区			1	100
岩手県合計				2	195
宮城県・岩手県合計				31	4,690

環境省資料よりERI作成。

表3　広域処理必要量の変化

単位：万トン

	木くず	可燃物	不燃物	合計
岩手県	47 ⇒ 18	3 ⇒ 12	7 ⇒ 90	57 ⇒ 120
宮城県	73 ⇒ 44	132 ⇒ 31	139 ⇒ 39	344 ⇒ 127
合計	120 ⇒ 62	135 ⇒ 43	146 ⇒ 129	401 ⇒ 247

環境省「災害廃棄物推計量の見直し及びこれを踏まえた広域処理の推進（概要）」2012年5月21日より。
可燃物については、可燃系混合物、プラスチック、畳、漁具・漁網等を含む。

して、広域処理が不要であることを主張してきた（表2）。しかし、その後も広域処理は止まるどころか、地元で反対する多くの市民が疑問の声、反対の声をあげたにもかかわらず、手を挙げる自治体が相次ぎ、北九州市や大阪市では受け入れに反対する住民が逮捕されるなど大きな混乱を巻き起こしても、なお、強行に進められていった。

＊私たちとは、環境総合研究所および当時大田区議であった奈須りえ氏を中心とする大田区民のグループ（大田レディース）を指す。

「広域処理は、県内処理が間に合わない分について、岩手・宮城両県から要請されたものであり、各要請時点において適切だった」（環境省）とあくまで被災県の要請（表3）にこたえたものであり、環境省に非はなく正当性がある、とでも言いたそうだが、ほんとうにそうか。

震災直後、環境省の呼びかけに対して、五七〇余りの基礎自治体や公共団体（一部事務組合等）などが広域処理に協力する意向を示していた。しかし、環境省の隠蔽体質や放射性物質による汚染の実態が明らかになるにつれ市民の反発が相次ぎ、受け入れ先は次第に減少していった。二〇一一年一〇月には当初の一〇分の一以下、わずか五〇にまで減少したのである。焦った環境省は二〇一一年度から二〇一二年度にかけて「広域処理広報事業」を大手広告代理店に委託、広告宣伝に躍起となった。結果、広報宣伝のためだけに二四億円もの税金が使われたのである。

今回、災害廃棄物の量があまりにも多く、広範囲におよぶことから、がれきの処理費用はすべて国の補助によってまかなわれることになった。二〇一一年度および二〇一二年度に災害廃棄物処理事業費として環境省が確保した予算は、一兆八〇〇〇億円にものぼり、当初の見込みを大きく超えている。これだけの巨額の国家予算を投じながら依然としてがれきの処理が進まないかのようにみえる背景は、いったいどこにあるのか解明する必要がある。

そもそも全額国負担で行なわれる廃棄物処理も二〇一四年三月までに終えることを前提としていた。目標期間をすぎれば、被災自治体に廃棄物処理の負担を求める可能性があったのだ。

そこで実質的には「産業廃棄物」であるはずのがれきを「一般廃棄物」と位置づけ、国が積極的に関与して処理を代行する、また、国の費用負担で、自治体が処理するという方式を「がれき特措法」によって制度化し、広域処理を合法化したのだ。これでは被災自治体におのずと、広域処理を進めたい（利用したい）、という意向が働いても不思議ではない。

では、実際の処理はどうだったのか。宮城県の例をみてみよう。まず、沿岸部の被災自治体からでた災害廃棄物の処理を県が受託、それを大手ゼネコンに四〇〇〇億円余で一括発注している。

ここに興味深いデータがある（表4）。私たちの調査の結果、宮城県の全ブロックにおいて、廃棄物

表4　各ブロックごとの大手ゼネコンへの発注の状況

区分	契約JV	A:参考業務価格［百万円］	B:発注額［百万円］	B:発注額÷A:参考業務価格［%］
石巻ブロック	鹿島JV（全9社）	228,960.11	192,360.00	84%
亘理名取ブロック（名取処理区）	西松JV（全4社）	19,286.52	16,201.50	84%
亘理名取ブロック（岩沼処理区）	間組JV（全5社）	28,304.60	23,782.50	84%
亘理名取ブロック（亘理処理区）	大林JV（全7社）	64,676.84	54,327.00	84%
亘理名取ブロック（山元処理区）	フジタJV（全7社）	39,382.83	33,075.00	84%
宮城東部ブロック	JFEエンジJV（全6社）	28,005.58	23,522.00	84%
気仙沼ブロック（南三陸処理区）	清水JV（全7社）	26,133.55	21,951.30	84%
気仙沼ブロック（気仙沼処理区）	大成JV（全10社）	57,482.07	48,405.00	84%
計（8件）		492,232.10	413,624.40	84%

環境総合研究所作成。

量の精査が行なわれる前にその処理が発注されており、なおかつ参考業務価格に対しての発注額はすべて八四%となっていることが明らかになった。これはあらかじめ参考業務価格が示されていたことから価格について競争原理が働いていないことを示している。総額四〇〇〇億円を超える税金の使い方としてきわめてずさんかつ不明朗だ。この事態を問題視した参議院環境委員会や宮城県議会で、発注額を見直すべきとの指摘が相次ぎ、最終的に宮城県議会は、石巻ブロック（鹿島JV）について四四〇億円、亘理・名取ブロック亘理処理区（大林組JV）について五〇億円の減額を決定している。

一方、このころから、ブロックごとの廃棄物処理をゼネコンに一括発注しているにもかかわらず、同じ地域から広域処理分として東京都や静岡県、北九州市などに廃棄物が送られることに対する疑問・疑義が全国でふくらんでいった。

“がれき”をほしがる理由

数量的に必要がないものにもかかわらず、なぜ各地の自治体ががれきをほしがるのか。その裏には巧妙なからくりがあった。これまで受け入れに積極的だった自治体の実態を分析してみると、バグフィルターの交換時期であるとか、新規焼却炉や最終処分場の整備計画があるとか、また、既存焼却施設の更新時期がきているなどといった、受け手側の事情ばかりが目に付き、被災地支援というよりも自分の台所事情が優先されている例が目に付いた。

災害廃棄物処理事業に一兆円超の予算が付けば、まさに砂糖に群がるアリのように、税金を食い物にする輩が集まってくる。がれきの量を推計するコンサルタント、中間処理を行なう廃棄物処理業者、焼却炉メーカー、放射能測定を行なう分析機関、がれきを輸送するトラック業界や鉄道輸送会社などだ。

実際、東京都のがれき受け入れスキームでは、産廃ルートの場合には、最終的に東電の子会社である産業廃棄物処理業者・東京臨海リサイクルパワー、一社で可燃ごみの処理が行なわれ、膨大な税金が支払われた。民間廃棄物処理業者ががれきを受け入れるのは商行為であり、ある意味当然であろう。太平洋セメント社は、岩手県内のがれきを一トン当たり約六万円で引き取り、セメント原料や補助燃料に使用している。

一方で、自治体や特別地方公共団体に対しても、がれきを受け入れれば処理費はもとより、事務費や固定費、さらには旅費や分析費などすべての必要経費が国から支払われるしくみとなっていた。およそ喧伝された「絆」などと言えるものではない。私が調査した結果、東京都では、実務を都に代わって進めてきた公益財団法人東京都環境公社は、初年度に一億円、翌年度はそれ以上の額の事務代行費を都から受け取っていた。

極めつけは詐欺まがいの復興交付金の流用だ。環境省が自治体へ送付した通達「循環型社会形成推進交付金復旧・復興枠の交付方針について」(二〇一二年三月一五日付)には、各自治体で検討の結果「災害廃棄物を受け入れることが出来なかった場合であっても、交付金の返還の必要はない」との記載があった。まさに、検討しただけで復興交付金枠での補助金が手に入る、という前代未聞のやり方で広域処理を推し進めようとしていたのだ。

環境省にこの点を問うと、「一連の取組により、多くの自治体で広域処理が検討された結果、広域処理が大きく拡がり、被災地の復旧・復興の前提であるがれき処理に大きく寄与したことから、復旧・復興予算としての目的は達せられたものと考えている」などと正当性を躍起になって主張した。しかし、これが何を意味するかと言えば、本来の循環型社会形成推進交付金の予算枠では最大二分の一までしか国の補助が得られないものも、復興交付金枠を使うことにより一〇〇%国が面倒をみるということを意味しており、まさに札束で頬を叩くやり方で受け入れ検討を偽装して補助金を得るという詐欺まがいを環境省が主導していたことにほかならない。

大阪府堺市は、この措置によりがれきを受け入れずして八六億円という巨額を手にしている。そもそもこの通達を出す時点では、宮城県のがれき処理業務はすべてブロック別に大手ゼネコンに発注済みであったはずだ。

一年も稼働しない仮設焼却炉

宮城県気仙沼ブロックの仮設焼却炉は二〇一三年三月になって、ようやく本格稼働にこぎ着けた。ほかのブロックに比べて発注の時期が遅れたとはいえ、本格稼働までに一年余りを要している。しかし、やっと稼働し始めた焼却炉も二〇一三年一一月末で稼働を終了、年度内に解体されることとなっている。稼働するのはわずか九ヵ月だ。地元でようやく合意を取り付けて設置した仮設焼却炉の稼働を数ヵ月延長すれば、無理に遠くにがれきを運んで処理する必要もなくなる。巨額を投じた仮設焼却炉は短期で閉鎖し、広域処理を交付金で推進するのは、どう考えても二重投資ではないのか。

岩手県、宮城県の災害廃棄物処理の進捗状況は、二〇一三年二月末時点で仮置き場への搬入は九〇%が終了し、処理については、岩手県が四四%、宮城県が五一%と報告されている。また環境省は、二〇一三年三月二二日現在、広域処理について実施済み、実施中、または受け入れ量決定済みの事業は一都一府一三県の六六件に達し、これらの事業による受け入れ見込み量は三月二二日現在で六六万トンに達しているとし、広域処理の成果を強調した。しかし、六六件の受け入れ先を見ると、三一件(四七%)が民間事業者、二四件(三六%)が基礎自治体、一一件(一七%)が特別地方公共団体(一部事務組

図7　広域処理受け入れ先の内訳（2013年3月22日現在）

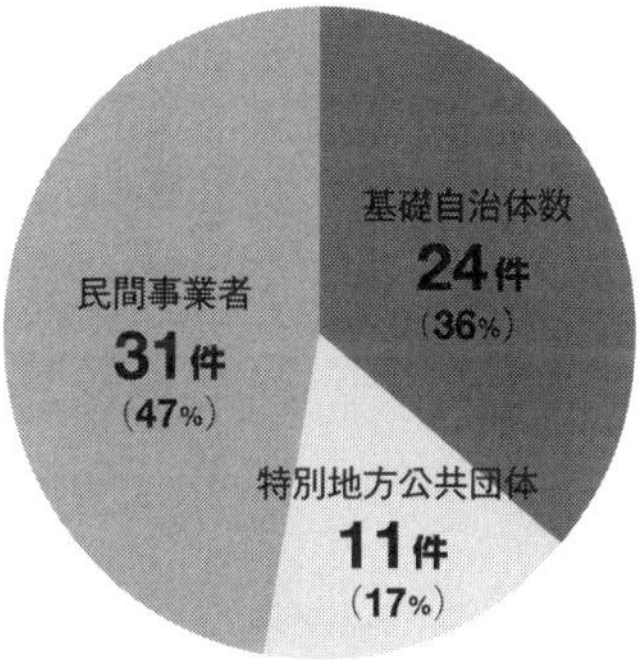

環境省資料よりERI作成。

合など）となっており、二四億円の広報費をかけ、受け入れに手を上げた自治体にまで補助金を出すことにしたにもかかわらず、自治体の受け入れは三五件にすぎず、きわめて限定的なものに終わっている。このことこそが、まさに「広域処理」の失敗・破綻を示すものと言わざるをえない。

廃棄物処理は遅れているのか

もともと国（環境省）は、災害廃棄物処理について二〇一二年度および二〇一三年度の二カ年で行なう予定であったことから、予定通り二〇一四年三月には終了する見込みであり、着実に処理が進捗している」と自画自賛していた。だが、マスコミは「二年が経過しても、依然として五〇%に満たない状況」と遅れを強調し、広域処理が必要と言いつづける。マスコミの不勉強もさることながら、環境省のやり方には何がなんでもついた予算をすべて使い切ろうとする意図が透けてみえる。

また今回、どのような経緯で広域処理が始まったのかという点も忘れてはならない。環境省が二〇一一年五月に設置した有識者らによる「災害廃棄物安全評価検討会」は、関係自治体や国民の参加手続きもないまま、情報公開も行なわず、秘密裏に廃棄物の処理方法や安全基準などを定めていた。その結果を受けて、国会はまともな審議もなく議員立法として「がれき特措法」を制定し、地方自治を踏みにじるような国主導のがれき引き受けスキームを制度化した。

責任の所在は国ばかりではない。交付金目当てに安易に手を挙げ、地方自治をないがしろにした自治体、第三者的な視点からの監視も行なわず国の発表を一方的に垂れ流し「広域処理」を煽ってきたマスコミ、「絆」という情緒に振り回された国民にも応分の責任がある。

私たちは当初から、「広域処理」の必要性をまずは明らかにすべきだと主張してきた。加えて、経済面、環境面・安全面からの妥当性も第三者的に評価される必要があること、政策立案手続きの正当性（情報公開や市民参加など）に問題があることも訴えてきた。震災発生から三年を待たずして広域処理の目処が経ったと表面的な成果を評価する前に、一兆円もの税金の使い方の妥当性・正当性を検証しなければならないだろう。

また、このスキームの中で火事場泥棒的に濡れ手に粟となったところからは税金を取り戻し本来の復興の役に立てなければ、納税者はもとより被災者の納得は得られない。

＊本稿は、広域処理がほぼ終了したとされた二〇一三年初頭、「週刊金曜日」（二〇一三年四月一二日号）に掲載したものを再構成した。

第4章

〝絆〟の陰で流用される復興予算

被災地がほんとうに望んでいたもの

東日本大震災の直後から言われた「がれきの広域処理」とは、いったい、何だったか。

もとより、被災者・被災地支援に異論があろうはずはない。とくに福島第一原子力発電所の事故については、被災者支援についても放射能防御にしても、現在も多すぎるほどの課題が残されたままだ。しかし、ほんとうに必要な支援・対策を行うことと、とりあえず潤沢な予算を確保し、巨費を「いい加減」に使っていくことはまったく性質の異なる話である。

前章までに詳述した通り、「広域処理」には問題が多すぎた。

本書最後に収録した各地の報告を見ても明らかなとおり、私たち住民の目線から見れば、自治体側には「自ら事実関係を調べず政府の主張を鵜呑みにし、がれきを受け入れる」「首長のメンツとプライドを優先する」「ゴミ処理施設整備に伴う補助金目当てで、がれきを受け入れる」「市町村は県に、県は政府にゲタを預けたり、従おうとする」といった共通項があった。

これに対し、住民たちは最初、がれき搬入により放射能汚染が拡散することへの不安から、それぞれの地元に対して受け入れ反対を訴えていた。その後は、広域処理に関するしくみや予算、実態を調べ、その過程で復興予算の不適切な使い方が次々と明らかになっていく。やがて、環境省や一部の自治体、政治家たちの、とても民主的とはいえない行政の進め方や、「必要性」が破綻しているのに広域処理にこだわりつづける姿勢に気づいた。そして、いつの間にか、被災地支援よりも「広域処理」

そのものが目的と化していたことを解き明かした。

だからこそ、住民運動の後半は放射能汚染の有無に係わらず、「広域処理は復興予算を流用、無駄遣いする不適切な公共事業だ」と訴え、反対をつづけたのである。

がれき処理予算の財源も、私たち国民の増税で賄われる復興予算だ。

被災地や被災者支援につながらない事業には一円たりとも流用させたくない。

大事な復興予算だから、無駄遣いせずに効率的に使ってほしい。

私たちは、そんな当たり前の声を、自治体や地方議員に訴えてきた。

では、こうした住民運動の最中、当の被災地の人たちは「広域処理」に関して、どんな考えを持っていたのだろうか。

筆者は二〇一二年九月、宮城県などを訪問し、議員や住民から直接話を聞く機会を得た。とくに、がれきを送り出す側の宮城県では、震災直後から広域処理に反対し、「命の森の防潮堤」などで現地処理するよう訴えている人が少なくなかった。

その一人、横田有史氏（宮城県議会議員）と面談したのは、愛知県が広域処理の受け入れを最終的に断念した直後のことだった。

当時、氏はこんなことを語っている。筆者の記録から、主なやりとりを再現しよう。

——宮城県のがれき処理は進んでいないのでしょうか？

「仙台市は地元の産廃業者を使ったから早くがれきが処理できたが、県にはそうしたノウハウが無いので、安易にゼネコンに頼ったところ、ゼネコンはがれき処理のノウハウがないため、一向に処理が進まなかった。この行政判断ミスを、広域処理に反対したため、と責任転嫁したのがことの真相だと思う」

「今は、とくに石巻はがれきの山ではなくなっていて、近代工場みたいになっている。ただし、がれきの総量が当初の半分近くまで減ったので、がれき処理予算を消化するために、機械を使わずにわざわざ手作業で分別している。」

――広域処理は本当に必要なのですか？

「宮城県の職員は『わざわざ遠くでがれき処理したくない』と言っており、愛知や九州の各自治体などについては宮城県から断ったけど、宮城県と北九州とのがれき処理委託契約は成立したらしい。今回の契約内容は二〇一二年度分のみ。処理費用は一トン当たり約四万円だが、これとは別に一トン当たり約六万円かかる輸送費を宮城県が負担する」

――北九州を止める方法はありますか？

「北九州市議会では『通常のがれきしか受け入れない』と決議しているはずなので、環境省公表データで一七〇ベクレル（Bq／kg）の放射能汚染と、アスベスト汚染が確認されている石巻のがれきは、受け入れ不可能ではないだろうか」

「石巻のがれきについて、北九州市議会がどのように認識しているかわからないが、明らかに北九州の通常の家庭ゴミと同じ汚染レベルではない」

――東京都と宮城県のがれき受入協定に関して。

「九月一一日から宮城県議会が始まるが、がれき処理委託契約にあたって、鹿島JVと北九州との二重契約をどのように整理したのか議会で追及する予定で、その詳細はブログで公表する」

——宮城県が本当に求めている支援とは何でしょうか？

「宮城県が本当に求めている支援は人材支援、それも三ヵ月くらいで入れ替わるのではなく、最低でも一年はつづけて仕事してくれる技術スタッフが全然足りない。他にはカウンセラーなども必要」

筆者は、このとき宮城県に一〇日間ほど滞在した。その間に「がれきを受け入れてくれなくて困っている」という話はほとんど聞こえてこなかった。

よく耳にしたのは、以下のような話だ。

「仙台は復興のミニバブルで東北中から人が集まっている」

「復興予算はいくらでもあるが、それを処理するための行政スタッフが足りない」

「復興事業に必要な技術スタッフや被災者のためのカウンセラーなどの専門スタッフが足りない」

人手不足はほんとうに深刻だったようで、実際、仙台の地下鉄車内には任期付き職員の募集ポスターがたくさん貼られていた。

仙台市郊外の閖上港では、一周忌まではだれも釣りをしてなかったそうだ。震災時の忌まわしい記憶が拭えない以上、当然だっただろう。ところが、私が足を運んだ二〇一二年の九月には大勢の人が釣りを楽しんでいた。

津波の被害がひどかった閖上地区は、当時もほとんど人が住んでいなかった。建物の基礎だけで何もない大地が広がっており、がれきは探さなければ見つからないほどだった。

閖上など津波の被害地区は、全域が移住対象となっていた。その事業はまだ、被災者のショックが大きいこともあって、慎重に住民合意を進めていた。

つまり——。

被災地の復興が進まないのは、がれき処理の遅れが主因ではないのではないか。

閖上地区や岩沼市の方とも話したが、多くの方は広域処理など望んではいなかった。

とくに岩沼市は独自に「森の防潮堤」に取り組んでいた。宮城県議会も「命の森の防潮堤」を全会一致で賛成し、推進の旗を振っていた。このため、仙台市では「いのちを守る森の防潮堤推進東北協議会」の日置道隆会長(輪王寺住職)とも面談した。

「いのちを守る森の防潮堤」とは、横浜国立大学名誉教授の宮脇昭氏が、震災直後に被災地の現場を調査したうえで、復興・防災事業に震災がれきを有効活用しよう、と提案したものだ。沿岸部に被災がれきと土を混ぜて埋め、盛土を行って高台をつくり、そこに高い樹木から低い樹木までさまざまな木を植えて多層構造の森をつくろうという計画だ。

この森が次の「万が一」への備えであり、命と心と財産を守る。自然との共生こそが大切だとの考えに立った内容であり、がれき再利用策でもある。

輪王寺は「北山五山」の一つとして知られる。仙台市の名刹であり、伊達藩とも深いつながりがあるという。

日置会長は「政府と知事が『森の防潮堤』に及び腰のため、各地の企業やボランティアの支援が頼りです」と語ってくれた。

何かお手伝いできることはありませんかと尋ねると、「とにかく一人でも多くの方に森の防潮堤について知ってもらいたい」と訴えられた。そのため、筆者たちは、広域処理問題で一緒に運動しているメンバーや地方議員に「森の防潮堤」の資料を渡し、その後も「森の防潮堤」支援の働きかけをつづけている。

復興予算の流用が明らかに

第三章で明らかにしたとおり「必要性」が失われていた広域処理。環境省がそれにこだわり、突き進んだ理由はどこにあったのか。

じつは、これには復興予算のしくみが大きくかかわっていた、というのが筆者の分析だ。

はじめに、復興予算の財源を検討していたころの報道を振り返ってみよう。

当時の報道によると、一九兆円の予算規模は早くに決まっていた。その一方、復興予算で行う事業内訳は「救助・復旧事業」「復興事業」としか書かれていない。この時点で、復興予算を被災地以外、全国各地で使うことになると、いったいどれくらいの国民が思っていただろうか。

全国各地で使うイメージがあるのは、「全国的な緊急防災・減災事業」の一兆円くらいしかなかった。

一方、財源となる「復興増税」については、国民やメディアの理解があった。「被災者支援、被災地復興のためならやむなし」という考え方自体は批判されるものではないし、実際、目立った反対の声や国会での論争もなかったように思う。

復興増税は、所得税、住民税、法人税が盛り込まれた。こうして、政府・霞ヶ関は一九兆円の復興予算を動かすことになる。

しかし、いざ蓋を開けてみると、とても「救助・復旧事業」や「復興事業」とは思えない事業が相次いだ。いわゆる復興予算の流用は、大手メディアや週刊誌などがその後、こぞって報道したので、記憶している方も多いと思う。

たとえば二〇一二年九月一三日の毎日新聞によると、二〇一二年度の復興特会では、防衛省の「武器車両等整備費」に六六九億円、航空機整備費に九九億円もの予算が付いた。文部科学省は一〇一三年度の予算要求で前年度に引きつづき、復興特会で四八億円の「核融合研究開発拠点」に関わる予算を要求している。

これでは、国民の善意を食い荒らす「シロアリ」とよばれても仕方あるまい。

こうした国民の強い批判に対して、霞ヶ関官僚の反応はどうだったか。

各省庁とも「復興基本方針に沿っている」と主張し開き直っている。

政府が二〇一一年に決定した復興基本方針では、産業空洞化や全国各地の防災対策などを「日本全体の再生」として復興政策に含めたからだ。

各省庁が「最優先は被災地の復興」(復興庁)との前提を拡大解釈し、予算を査定する財務省もこれを認めてしまった。

筆者は、愛知県ががれき受け入れ計画を発表した二〇一二年三月の時点で、広域処理は復興予算の流用問題を抱え込んでいると確信し、自治体や地方議員に訴えてきた。

第二章で記したように、宮城県女川町のがれきを受け入れようとした「ふじみ衛生組合」(東京都調布市・三鷹市)に対し、ゴミ処理施設の建設費用として、がれき処理費用とは別に一〇億円もの「震災復興特別交付税」が交付された資料を入手していたからだ。

この「震災復興特別交付税」の財源も復興予算である。しかも予算規模は、がれき処理予算の一兆円を遥かに上回っている。

その交付税が、がれきの受け入れとセットで自治体に交付されるのだ。財政難に悩む各自治体にとって、こんなに魅力的な話はない。

実際、野田佳彦首相(当時)は二〇一二年三月、日本テレビの番組に出演し、「被災地のがれきを引き受けるわけだから、処分場の拡充や新たに処分場を建設するということも出てくる。その財政的な負担をこれからは国がしていく」と述べた。

がれきの受け入れ自治体に対し、国が財政支援を行うと公式に表明しているのだ。

これに対して、私たち住民は「各自治体がほんとうに被災地支援のためというのであれば、復興予算を一円たりとも受け取らない、と宣言してからがれきを受け入れるべきだ」と訴えてきたのである。

自治体による受け入れ、強行の狙いは

二〇一二年一二月二二日、共同通信はつぎのような記事を配信した。

「**東日本大震災**で**発生**したがれきの**広域処理**をめぐり、**環境省**が**受け入れ先**から**除外**したにもかかわらず**北海道**から**大阪**までの**七道府県**の**市町**や**環境衛生組合**など**計一四団体**に、**復興予算**の**廃棄物処理施設整備費**として**総額約三四〇億円**の**交付**を**決定**していたことが**二一日**、**共同通信**の**調べ**で**分**かった」

地方紙を主とした加盟社は、それぞれ「がれき処理せず三四〇億円を交付　環境省、一四団体に復興予算」（東京新聞）といった見出しを付けて報道している。

共同通信のスクープだった。

そして記事はこうつづく。

「**同省**が『**検討**すれば、**結果**として**受け入れ**なくても**交付金**の**返還**は**生**じない』と**異例**の**通達**を**出**していたことも**判明**。このうち**神奈川県**の**四団体**は**交付条件**だった『**検討**』さえしていなかったこと

も分かり、共同通信の指摘を受けた同省は不適切と判断、神奈川県分の計約一六〇億円の決定を取り消す方針だ」

復興予算とがれきの広域処理。その不透明で不適切な関係を、マスコミとして初めて正面から取り上げた記事と言えた。

記事の中では「受け入れが見込める建設中の施設を対象に、交付金（事業費の三分の一～二分の一）と特別交付税（残りの地元負担分）をセットにした支援策を打ち出した」と伝えている。

ここがこの復興予算流用問題の核心だ。

廃棄物処理施設の整備には一〇〇億円近くの費用がかかる。復興予算を使って、その整備費を「全額国負担」にするしくみが、「被災地支援」という掛け声の裏で、しっかりとでき上がってしまったのだ。

もう少しくわしく説明しよう。

この交付金（事業費の三分の一～二分の一）は、正式には「循環型社会形成推進交付金」と呼ぶ。

東日本大震災の発生前から環境省が行っていた事業で、各自治体が廃棄物処理施設を整備する際に、国の一般会計から補助金が交付される。この事業（補助金の交付）に際し、環境省は復興予算（復興特会）を財源として、新たに「復旧・復興枠」という予算枠を用意した。

もう一方の特別交付税は「震災復興特別交付税」と呼ばれる。本来は「東日本大震災の被災自治体で必要な復興費を肩代わりする」ための特別交付税であり、この復興予算もまた、被災地以外の自治体にばらまかれていた。

三鷹市と調布市で構成する「ふじみ衛生組合」の廃棄物処理施設整備費として、二〇一一〜二〇一二年度に両市が受け取った「震災復興特別交付税」は合計一八億円だ。さらに、「循環型社会形成推進交付金」（復旧・復興枠）も二二億円が交付され、「ふじみ衛生組合」（及びそれを構成する三鷹市と調布市）が受け取った復興予算は総額で五〇億円に達する。

「循環型社会形成推進交付金」と「震災復興特別交付税」が、震災がれきを受け入れた自治体だけでなく、受け入れの検討すらしていない自治体にまでばらまかれていた「不正」が発覚したのだ。

この補助金こそが、一部の自治体ががれきの受け入れを強行する目的に他ならない、と筆者は考えている。そこで、がれきの受け入れが強行された地域を例に検証してみよう。

高岡市ががれき受け入れを強行した経緯

二〇一三年二月一日。

震災から丸二年が近づいていたこの日、富山県高岡市は、岩手県山田町から一九〇〇〇トンの震災がれきを受け入れる、と表明した。処理の実費は約三〇〇〇万円と報道されている。

しかし、一週間前の一月二五日に行われた高岡市の説明会では、多くの住民たちが反対を訴えていた。

わずか数千万円の補助金が目当てで、がれきの受け入れを強行するとは思えない。このとき、高岡市の行政当局者には、処理の実費とは比べものにならない巨額の「補助金」が見えていたはずだ。

ここに、環境省大臣官房廃棄物・リサイクル対策部廃棄物対策課が、各都道府県あてに送付した「通達」がある。

「通達」でわかる事実はつぎの通りだ。

【復旧・復興枠の概要】

① 二〇一一年度補正予算と二〇一二年度予算で「通常枠」に加えて「復旧・復興枠」を計上（環境省は二〇一三年度も「復旧・復興枠」を予算要求中）。

② 「復旧・復興枠」は「災害廃棄物の受入可能性がある施設の整備」に交付。

③ 「復旧・復興枠」の交付により「災害廃棄物の広域処理を推進」「通常枠予算が逼迫している状況を緩和」「市町村等における循環型社会形成推進の取り組みをより一層推進」する。

【復旧・復興枠で交付する事業】（交付金の対象事業）

① 「特定被災地方公共団体」である県内の市町村等が実施する事業（浄化槽事業を除く）。

② 市町村等が実施する事業のうち、諸条件が整えば「災害廃棄物の受入が可能と考えられる処理施設の整備事業」。

③「**他の既存施設**」で**災害廃棄物を受け入れ**たことにより「**既存施設で処理する予定**であった**廃棄物**」を**処理**する**可能性**がある「**当該整備中**の**処理施設**の**整備事業**」。

④**結果的**に**災害廃棄物を受け入れ**なくても**交付金**の**返還**は**不要**。

⑤「**復旧・復興枠**の**対象事業**」は「**震災復興特別交付税**」により「**地方負担分**」も**措置**。

つまり、二〇一一年度または二〇一二年度に計画中の「処理施設の整備事業」を「復旧・復興枠」で申請すれば、「震災復興特別交付税」により「地方負担分」も全額国が負担してくれる。

このため、自治体が受け取る補助金総額が大幅にアップするという「からくり」だ。

高岡地区広域圏では、二〇一四年九月完成予定の「ごみ処理施設整備事業」を計画し、二〇一二年二月には総事業費七六億円で業者と契約して同事業を開始していた。

このため、「既存施設」で震災がれきを受け入れれば、上記申請条件の③が適用されて「復旧・復興枠」での申請が可能となる。

実際、高岡市は住民説明会より二か月以上前の二〇一一年一一月一日に「復旧・復興枠」で交付申請報告書を提出し、同年一二月五日には交付決定通知を受領していた。

これにともない、高岡地区広域圏（及びそれを構成する自治体）が受け取った「循環型社会形成推進交付金」（復旧・復興枠）は二三・四億円、「震災復興特別交付税」は三一億円で、復興予算からの補助金総額は五四億円に達する。

がれきを受け入れなければ「通常枠」での申請となり、三一億円の「震災復興特別交付税」を受け取ることができない恐れもあった。

もしくは、がれきを受け入れていないのに八六億円もの復興予算を受け取った堺市のように、内外から大きな批判を受けていたかもしれない。

「三一億円のためなら反対意見など気にしていられない」というのが、高岡市だけではなく、受け入れに前のめりになった自治体当局者の「本音」ではないだろうか。

新潟県五市の不可解ながれき受け入れ決定

新潟県の事例も振り返りながら、さらに復興予算流用の話をつづけよう。

二〇一三年一月二六日、新潟県五市は、岩手県大槌町から震災がれきを受け入れると正式発表した。五市(最終的には三市)が受け入れたがれき総量は、実質二五六トンである。

岩手県のがれき処理能力は一日あたり約一〇〇〇トンなので、そのわずか四分の一に過ぎない。岩手県から新潟県まで輸送している間にも処理が終わってしまう量だ。

どうして、これほどまでに不可解な決定をするのだろう。

共同通信が二〇一二年一二月二二日に配信した記事によると、復興予算の廃棄物処理施設整備費三四〇億円は、震災がれきを受け入れた自治体だけでなく、その検討すらしていない自治体にも、ばらまかれていたという。

新潟県五市の受け入れ予定はこうだ。

三条市：本焼却一四五トン
柏崎市：本焼却一一一トン
長岡市：本焼却一九・五トン（新潟市が試験焼却のために保管していたがれき）
新潟市：いったん受け入れ
新発田市：受け入れ表明後、撤回

では、二〇一〇年度以降、前記五市に交付された「循環型社会形成推進交付金」の交付額はどうだったか。

二〇一〇年度の交付額は、三条市五億円、新潟市一・六億円、長岡市〇・五億円で、柏崎市と新発田市は一〇〇〇万円未満に過ぎない。

ところが、がれき処理が始まった二〇一一年度の交付額は、三条市が三〇億円、新潟市が二一億円に跳ね上がった。前年度と桁違いである。

二〇一二年度の交付額は、三条市と新潟市は例年並だが、長岡市に八億円が交付された。

この「交付金」に加えて、さらに「震災復興特別交付税」の上乗せ交付があるのだ。

二〇一一～二〇一三年度に、新潟県内の各市町村に交付された「震災復興特別交付税」（循環型社会形成推進交付金の「復旧・復興枠」に係る特別交付税のみ）の合計額は、三条市一五・二億円、新潟市二・五億円、長岡市七・三億円、燕市一六億円、村上市四・五億円、十日町市一〇億円など、新潟県全体で五七・六億円にも達する。

ただし、先の補助金「不正」受給報道などもあって、世論の風当たりは厳しくなってきた。だから、二〇一三年度は、受け入れ実績がない自治体への交付は認められない恐れがあったと思われる。

そのため、新潟県の各市は、二〇一二年度中に受け入れ実績を残しておきたかったのではないか。そう考えれば、新潟県五市が、わずか二五六トンのがれき受け入れにこだわった理由が見えてくるように思う。

このころ、被災地の行政現場では「復興予算はいくらでもあるが、それを処理するための行政スタッフが足りない」との悲鳴が出ていた。

先述したとおり、被災地では人材不足で復興事業が進まなくて困っていたのだ。

このため、愛知県の東三河広域協議会は、がれきを受け入れるのではなく、被災市町村から要望の強い人的支援の継続・充実を図る方針を打ち出していた。

わずか二五六トンのがれきを処理するために、岩手県で新たな契約事務の負担が発生する。その構図がほんとうに被災地支援になるのだろうか。

広域処理は環境省の予算消化が目的

二〇一三年一月、年末の総選挙の結果を受けて、民主党から自民党に政権が交代した。その二ヵ月後、震災からおよそ二年が経過した二〇一三年三月九日、産経新聞や毎日新聞などの全国紙が、ようやく広域処理にともなう復興予算流用問題について報道した。

「えっ!?　がれき処理「検討」だけで復興予算約八六億円　堺市」という見出しの記事を産経新聞が掲載した。この報道がきっかけで、大阪府堺市は、がれきを受け入れずに八六億円もの復興予算を受け取った自治体として、内外から大きな批判を浴びることになった。この件に関しては、各地からの報告でも紹介しているとおり、市民が自治体を提訴する住民訴訟にまで発展している。

堺市に対する住民運動の中で、情報開示請求によって明らかになった資料がある。

以下で紹介するのは、堺市の住民が開示請求によって手にした公文書の数々だ。

これらを読み込むと、広域処理が環境省の予算消化目的であることも明らかになる。まさに、広域処理の全貌が見えてきたと言っても過言ではない。

再度、問題点の検証を繰り返そう。

がれきの総量が減り、広域処理の「必要性」が破綻していたにもかかわらず、環境省や政治家が執拗に広域処理にこだわった理由は何か。

それが、今回の開示資料で明らかになった「循環型社会形成推進交付金」「復旧・復興枠」の予算消化だ。

二〇一一年春から始まった一連の「がれきの広域処理」問題を、行政サイドの流れから振り返ってみよう。

二〇一一年五月三一日

環境省は各自治体に対して「循環型社会形成推進交付金」要望額の調査を実施した。

二〇一一年六月一三日

大阪府堺市は環境省に対して「臨海工場の新設事業」「東工場の改修事業」の交付金を、両方とも「通常枠」で要望すると回答した。

二〇一二年一月六日

環境省は各自治体に対して「循環型社会形成推進交付金」要望額の追加調査を実施した。この中で、がれき受け入れの可能性がある事業は「復旧・復興枠」で要望するよう要請している。

二〇一二年一月二三日

堺市は環境省に対して「臨海工場の新設事業」は「日本再生重点化措置枠」で、「東工場の改修事業」は「通常枠」で要望すると回答した。

二〇一二年二月二日

環境省は各自治体に対して「循環型社会形成推進交付金」要望内容の再確認を実施した。この中で、「通常枠」「日本再生重点化措置枠」から「復旧・復興枠」への切り替えが可能な事業がないか再確認している。

二〇一二年二月六日

堺市は環境省に対して「復旧・復興枠」へ切り替えが可能な事業は「該当無し」と回答した。

二〇一二年二月二三日

環境省は各自治体に対して「循環型社会形成推進交付金」(復旧・復興枠)の交付方針を通知した。この中で、「通常枠」予算が逼迫しているため「通常枠」で要望している事業でも、条件によっては「復旧・復興枠」で交付する方針を通知している。

二〇一二年三月一日

堺市は環境省に対して、堺市の要望はあくまで「日本再生重点化措置枠」と「通常枠」である旨を回答する。

二〇一二年四月六日

環境省が二〇一二年度の「循環型社会形成推進交付金」を内示。堺市の事業(交付金)については全て「復旧・復興枠」で四〇億円を内示(これとセットで四六億円の「震災復興特別交付税」も交付されることに)。

公文書によって見えた「事件」の本質は、要するに次のようなものだ。

各自治体は、それぞれ地域の事情に基づき、震災前から廃棄物処理施設の整備を計画し、国に補助金の交付を要望していた。その後、民主党政権の「事業仕分け」によって、環境省最大の予算だった「循環型社会形成推進交付金」の削減を迫られた。環境省は交付金の財源確保が困難となり、事業見直しの危機にも直面していた。

ちょうどそのころ、東日本大震災が起きる。

震災で発生した震災がれきの処理に、一兆円を超える復興予算が投入されることが決まった。

そこで環境省が目を付けたのが、潤沢な復興予算の流用だ。「事業仕分け」で減らされた交付金（一般会計）の予算を、復興予算で穴埋めするという図式である。

その実現に向け、環境省は「循環型社会形成推進交付金」に「復旧・復興枠」を新たに設けた。「通常枠」（一般会計）は減らされたけれども、減額分は「復旧・復興枠」（復興予算）で穴埋めしようという考えだ。

ところが、がれき総量の見直しによって、広域処理の「必要性」がなくなってしまった。

さらに地域住民の反対も広がり、各自治体によるがれきの受け入れも難航していた。

こうしたことから、せっかく確保した「復旧・復興枠」での補助金交付を要望する自治体が伸び悩んでしまう。

環境省は「通常枠」の予算がひっぱくしているので、「復旧・復興枠」予算を使い切りたい。そこで、交付金の要望額が大きい堺市に目を付けた。

堺市は「通常枠」と「日本再生重点化措置枠」での交付を要望していたが、環境省が「復旧・復興枠」での交付を押しつけた、というのが資料から読み取れる「真相」だ。

少し推理が過ぎるだろうか。

しかし、広域処理にこだわりつづけた政治家や行政担当者と対峙し、関連資料を穴が空くほど読み込んだ筆者ら住民は、そうは思っていない。

震災復興特別交付税も被災地「以外」に九割を使用

もう一度おさらいしよう。

ゴミ処理施設を整備する際、各自治体に対して交付される補助金が「循環型社会形成推進交付金」である。

環境省は「災害廃棄物の広域処理の促進」を名目に、この補助金に新たに「復旧・復興枠」を設けた。

そして、二〇一一から二〇一三年度の三ヵ年で約四〇〇億円の復興予算を流用した。

一方、自治体側からすれば、「循環型社会形成推進交付金」で賄いきれない事業費は、本来、自治体の起債(借金)によって充当しなければならない。そして何年もかけて返済する。

ところが、この起債を不要にするのが「震災復興特別交付税」だ。これを使えば、事業費の残額を起債で調達する必要はなく、国が全面的に穴埋めしてくれる。

そして「震災復興特別交付税」の財源もまた、復興予算である。

実際、二〇一一年度から二〇一三年度の三ヵ年、「循環型社会形成推進交付金に係る震災復興特別交付税」（「復旧・復興枠」での交付金申請と抱き合わせで自治体に交付された特別交付税）の交付額はどうだっただろうか。

甚大な被害を受けた岩手県、宮城県、福島県の、いわゆる被災三県への交付割合は、じつは一〇・四二％しかない。残りはその他の自治体向けである。

中でも、東日本大震災で大きな被害を受けていない、新潟県、富山県、大阪府、福岡県の四府県への交付額は三ヵ年で総額一四四・七億円に達した。四府県で全体の三分の一を占めている。この四府県は、いずれも震災がれきの受け入れが強行された県だ。

数字をまとめてみた。

無味乾燥に映るかもしれないが、この数字が持つ意味をじっくりと感じ取ってもらいたい。

二〇一一年度交付額＝六六億円

・被災三県＝一・三億円、その他＝六四・七億円（三県への交付率一・九七％）

・新潟、富山、大阪、福岡の四府県＝一四億円（四府県への交付率二一・二％）

二〇一二年度交付額＝二七五・八億円

・被災三県＝二〇・三億円、その他＝二五五・五億円（三県への交付率七・三六％）

・前記四府県＝九九・六億円（四府県への交付率三六・一％）

図8　震災復興特別交付税の交付先（2011年〜13年度）

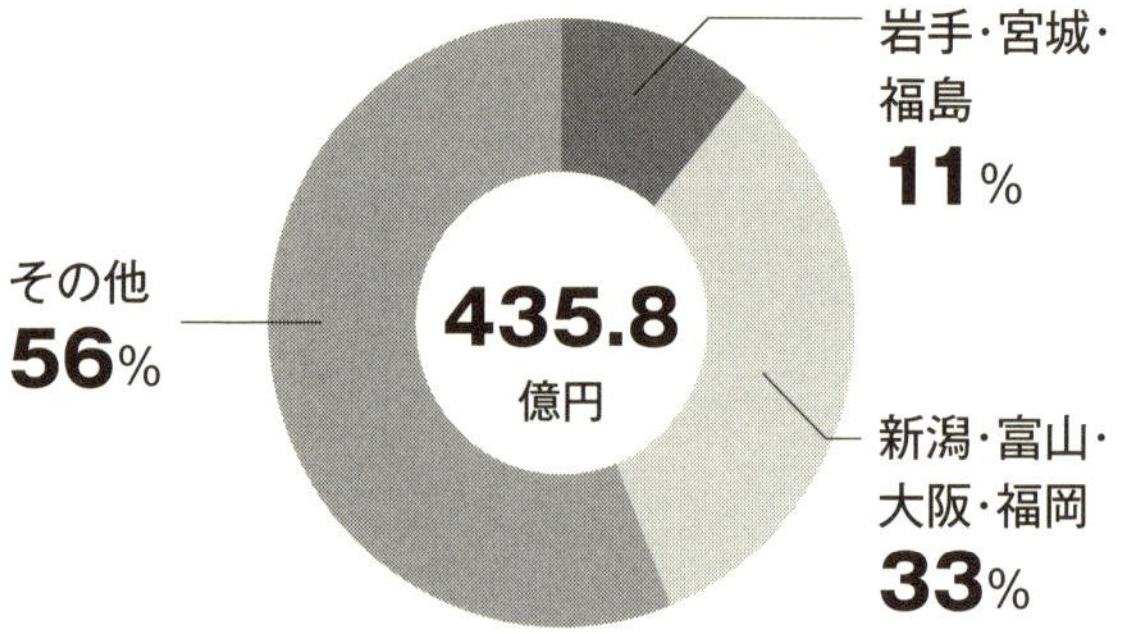

9割が被災地以外に交付された

2014年5月29日に情報開示された「行政文書」データより作成。

二〇一三年度交付額＝九四億円

・被災三県＝二三・八億円、その他＝七〇・二億円（三県への交付率二五・三二％）

・前記四府県＝三一・一億円（四府県への交付率三三・一％）

三ヵ年合計額＝四三五・八億円

・被災三県＝四五・四億円、その他＝三九〇・四億円（三県への交付率一〇・四二％）

・前記四府県＝一四四・七億円（四府県への交付率三三・二％）

会計検査院が環境省の広域処理に「ダメ出し」

「被災地復興の遅れは、がれきの広域処理が進んでいないからだ」

住民運動をつづけるなかで、いったいこの言葉を何度耳にしただろうか。何がなんでも広域処理を進めようとする政治家や環境省、自治体。それをうのみにしたマスコミ報道の影響も大きかった。

政府側の宣伝や報道の受け売りで、このような言説を信じている方も大勢いるようだ。

しかし、公表資料をもとに調べていくだけで、「広域処理」の問題点は見えてくる。矛盾やウソを見ぬくこともできる。

実際、愛知県など各地の運動は、住民たちが自ら資料やデータを集め、解析し、調べ、考えたからこそ、持続できた面も強い。

そもそも、政府が最大の拠り所としていた「がれき処理が遅れている」はほんとうだったのだろうか。

二〇一三年一〇月、会計検査院が一つの検査結果をまとめている。

「東日本大震災により発生した災害廃棄物等の処理について」という報告だ。

この報告の中に、「広域処理必要量の変遷と広域処理の実績」に関する検査結果が記されている。

それによれば、震災がれきの総量が当初見込んでいたほど多くなかったため、広域処理したがれきの量は、全体のわずか二・六%に過ぎない。

仮にがれき処理が復興遅れの主因だったとしても、現地処理の九七・四%ではなく、二・六%の広域処理に、その責任を負わせるのは、適切ではない。

では、がれき処理は実際に遅れていたのだろうか？

同報告の「本院の所見」には「二五年六月末現在の災害廃棄物等の処理は、岩手、宮城及び福島の三県を除いてほぼ完了しており、岩手、宮城両県の災害廃棄物等の処理についても、目標である二五年度末までに完了するめどが立っている」と明記されている。

つまり、岩手と宮城両県のがれき処理は、広域処理分がわずか二・六%であってもまったく遅れていないのである。

これは、当初に広域処理が必要とされていた量以上にがれきの総量が少なかったので、当然の結果だと言える。

つまるところ、復興の遅れと広域処理は無関係だった。それだけでなく、がれき処理自体が遅れていなかった、ということだ。

会計検査院はがれき処理のまとめとして、「本院の所見」を明らかにした。そのなかで、問題となった環境省の事業「広域処理の状況及び広域処理に係る循環型社会形成推進交付金の交付状況」については、こう指摘した。

「**広域処理**に**係**る**災害廃棄物**の**受入可能施設等**に**対**する**復旧・復興予算**からの**循環型社会形成推進交付金**の**交付**は、**事業主体**において**広域処理**に**係**る**検討**が**十分**に**行**われていなかったり、**同交付金**の**交付対象施設**において**災害廃棄物**を**受**け**入**れていなかったり、**復旧・復興予算**からの**交付**を**自**ら**要望**していない**事業主体**が**含**まれていたりなどしていて、**広域処理**の**推進**のために**十分**な**効果**を**発揮**したのかについては、**客観的**に**確認**できない**状況**となっていた。

したがって、**環境省**においては、**同交付金**の**交付**が**広域処理**の**推進**のために**十分**な**効果**を**発揮**したのか交付方針の内容も含めて検証するとともに、その検証結果を今後の復興関連事業の実施に当たって活用する必要があると認められる。
本院としては、東日本大震災に係る災害廃棄物等の処理について、今後とも引き続き注視していくこととする」

会計検査院の役割は、予算（税金）が適切に使われているかどうかチェックすることだ。予算（政策）内容の是非については、本来は国会の役割である。

しかし、震災がれきの広域処理、とりわけ「循環型社会形成推進交付金」（復旧・復興枠）については、政策の中身にまで踏み込んだ所見だった。

「十分な効果を発揮したのかについては、客観的に確認できない状況となっていた」という所見は、事実上の「ダメ出し」通告なのである。

岩手県がれき処理事業費住民訴訟

復興予算の流用問題に対し、被災地の住民たちが訴訟を起こした事例をご存知だろうか。岩手県を相手に住民たちが行政訴訟をおこしたのだ。

広域処理で過剰にがれき量が見積もられ、結果として余剰になった復興予算は「一般廃棄物処理施設の整備費」として全国各地で使われた。

被災者の健康調査や住居移住にはお金が出せないのに、なぜこうしたことが平然と行われているのだろうか。

一方、がれき広域処理で既成事実化された特措法による汚染廃棄物の焼却、埋立て処理が、今度は除染廃棄物の処理へと姿を変えて被災地で強引に進められようとしている。

広域処理反対運動で私たちとつながった被災地岩手県の住民たちが、こうした政府、自治体や政治家が進める行政に不信を抱き、自分たちの問題として立ち上がったのだ。筆者も、情報開示された膨大な行政資料の分析や情報の展開・共有により、岩手の住民たちと一緒になってこの運動を支援している。

この訴訟で住民側は、震災がれきの処理の実施にあたって、岩手県がコンサルタントと交わした業務委託契約に着目した。

何度もがれき総量が変動した、いい加減な調査結果の責任の所在を明らかにして、不当な公金支出の返還を求めようというものだ。

この訴訟にあたり、住民たちが情報開示請求した資料からも、おかしな点が多数確認できる。いくつか指摘しておこう。

まず「災害廃棄物処理に係る施工システム基本設計業務委託」は、過去に例がない特殊な業務委託だ。それにもかかわらず、請負業者から岩手県に提出された「見積書」(六四〇〇万円)は「予定価格」(六四一七・二万円)の九九・七%という高落札率だ。この「システム基本設計業務」は、「平成二三年度岩

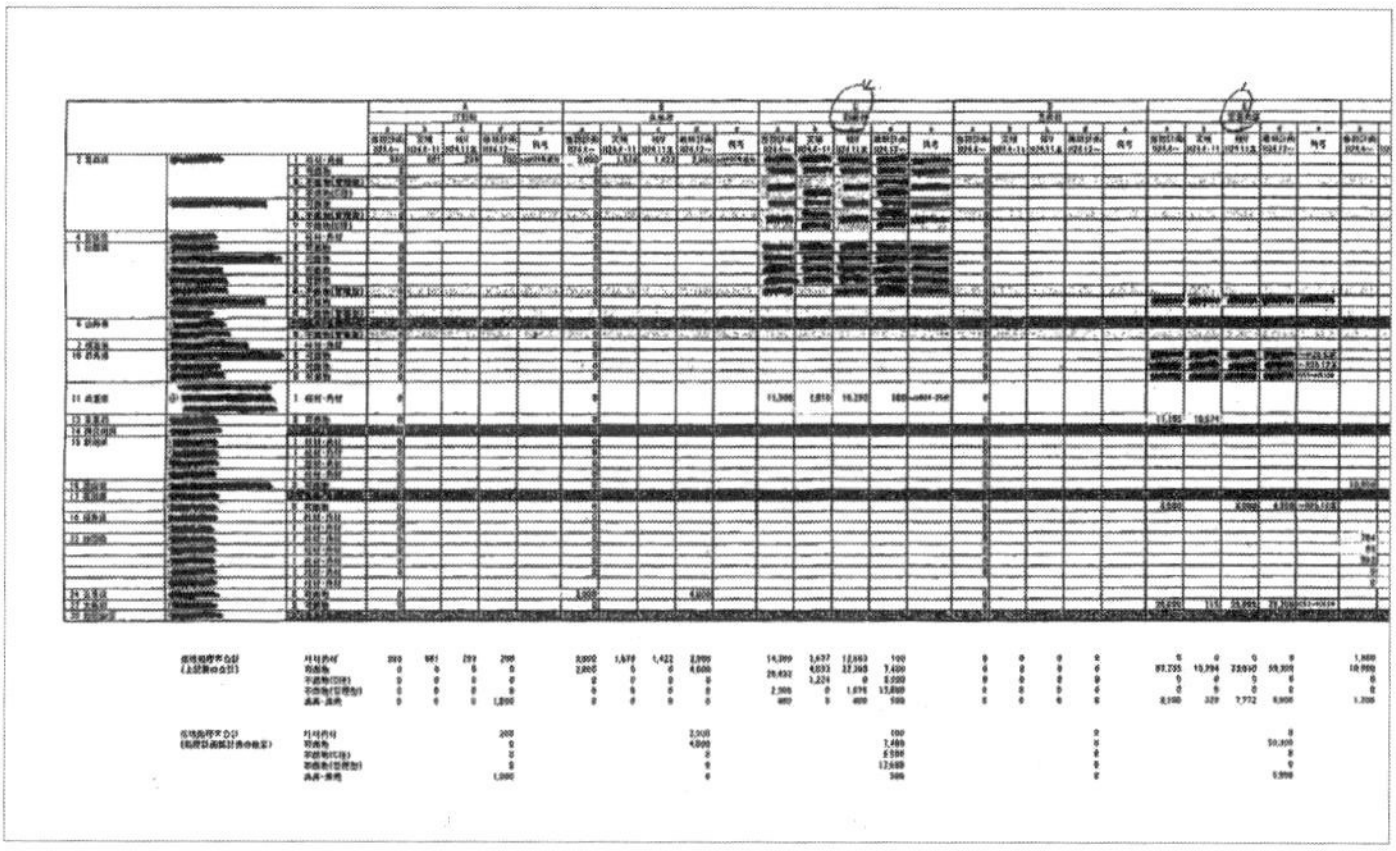

岩手県が開示した「黒塗り」された「がれき量」に関する文書

手県災害等廃棄物処理事業に係る施工管理業務委託」とセットで企画競争（プロポーザル）が行われ、請負業者以外にも二者が応募していた。そのうえで、この請負業者の提案がもっとも優れていたとされ、「特命随意契約」が結ばれている。

この「システム基本設計業務」においては、請負業者が「がれき量」を調査していた。ところが、岩手県の「がれき量」は何度も大きく変動している。岩手県が数字を細工していなければ、請負業者が調査した結果の信頼性が極めて低かったと言わざるをえない。

このため、「がれき量」のデータについて市民が情報開示請求したが、岩手県は、このデータを黒塗りで隠したままだ。この「調査業務」で得られた「がれき量」に関する情報は、個人情報ではない。なぜ黒塗りで隠す必要があるのか。データを隠したままだと、「がれき量」の変動が岩手県の責任か請負業者の責任か、その判断すらできない。

「システム基本設計業務」とは別の、「平成二三年度岩手県災害等廃棄物処理事業に係る施工管理業務委託」にもおかしな点がある。これも過去に例がない特殊な業務委託だったが、請負業者から岩手県に提出された「見積書」は予定価格の九九・九八％という超高落札率だ。

じつは、この「施工管理業務委託」は、三年間とも「システム基本設計業務」と同じ業者が受注している。以下がその落札率だ。

二〇一一年度　見積書（四億六七八〇万円）**予定価格**（四億六七九二万三〇〇〇円）**落札率九九・九八％**
二〇一二年度　入札書（五億四五〇〇万円）**予定価格**（五億五七二四万九〇〇〇円）**落札率九七・八〇％**
二〇一三年度　入札書（五億四四〇〇万円）**予定価格**（五億四四三一万九〇〇〇円）**落札率九九・九四％**

これをどうご覧になるだろうか。

二〇一一年度は、「災害廃棄物処理に係る施工システム基本設計業務委託」とセットで企画競争（プロポーザル）による「特命随意契約」である。二〇一二年度は、特命随意契約から一般競争入札に調達方式を変更したため、競争原理が働いて若干落札率が低下している。それでも九七・八％だ。二〇一三年度も一般競争入札だが、この業者以外に誰も応札していない「一者応札」のため、競争原理が働かずに九九・九四％という超高落札率になっている。

そもそも、二〇一一年度にこの請負業者が実施した「システム基本設計業務」（調査業務）に不備（がれき総量の調査ミス）がある可能性が高いのに、二〇一二年度以降も何ごともなかったかのように、この業者に委託業務を発注することは、民間企業では考えられない。企画競争に応募した他の二者を契約先として検討するのが普通の感覚ではないだろうか。

愛知県にがれき受け入れ検討経費を交付

復興予算の流用問題に関し、国からの交付金の観点から愛知県のケースも紹介しておこう。

最終的には中止になったものの、愛知県はがれき受け入れを検討するため、八〇〇〇万円近くを支出した。県は、この全額を国に請求したという。

どのような名目で国に請求したのだろうか。がれきをまったく受け入れなかった愛知県が、ほんとうにがれき処理に関する支出を国に請求できるのだろうか。

このケースについて、住民が入手した公文書がある。愛知県に対して情報開示請求を行い、開示されたペーパーである。

「災害廃棄物の受入検討等に要した経費の措置について」と題するこのペーパーは、愛知県環境部長が愛知県議会議員宛に報告した文書だ。二〇一三年三月二五日の日付がある。

災害廃棄物の受け入れを検討した際に要した経費について、文書には三月交付分の「特別交付税」の中に執行実績に見合う約七六三四万円が措置された、と記載されている。

その内訳は、「計画策定費」が約六四〇〇万円、「住民説明会等開催費」が約一一三〇万円、「現地調査費」が約一二〇万円だ。

「措置された」とあるから、国に負担してもらったという意味である。

ただ、最終的に愛知県はがれき受け入れ計画を中止したのだから、約五八〇〇万円かけて実施した調査は結局、身を結ばなかった。約一〇〇〇万円かけて作成したパンフレットは配布されなかった。

執行額の九割に相当する約六九〇〇万円が、泡となって消えたも同然である。

愛知県の検討経費が「災害廃棄物処理事業費」（復興予算）ではなく、「特別交付税」（一般会計）として交付されたことも大きな問題だ。

災害廃棄物処理に関する経費は「災害廃棄物処理事業費」（復興予算）として計上されている。

この通りであるなら、災害廃棄物の受け入れ検討に要した経費は本来、復興予算の「事業費補助金」または「促進費補助金」でしか措置できないはずだ。

総務省は、どのような根拠に基づき「特別交付税」（一般会計）で交付したのだろうか。

がれき受け入れ検討経費を交付するため省令を改正

この件について、環境省と総務省に確認した住民がいる。その結果、総務省が二〇一三年三月に省令を改正していたことがわかった。

判明した事実はつぎのとおりだ。

1　愛知県のがれき受け入れ検討経費（約七六三四万円）は、二〇一三年三月分の「特別交付税」に含めて交付された。

2　この交付の根拠は「特別交付税に関する省令」第一〇条十項による（東日本大震災により生じた災害廃棄物の広域処理の受入れを実施しない道府県について、広域処理の受入れを検討するために要した経費のうち特別交付税の算定の基礎とすべきものとして総務大臣が調査した額）。特別交付税に関する省令（最終改正：平成二五年三月一八日）。

3　総務省は、災害廃棄物受入れ検討費分を「特別交付税」で交付できるよう、二〇一三年三月一八日付で「特別交付税に関する省令」を改正し「第一〇条十項」を新たに追加していた。

同年三月一五日に行われた「平成二四年度地方財政審議会」では、この省令改正が話し合われた。議事要旨には、こう書かれている。

「特別交付税」の新規項目に「震災廃棄物受入れ検討経費」があるが、東日本大震災関係の経費が「震災復興特別交付税」の対象とならないのはなぜか。二重計上になることはないか。

↓「震災復興特別交付税」は、主として被災団体における復旧復興関連の財政需要について措置するものである。一方、全国的な財政需要については、「特別交付税」で措置するものである。震災廃棄

物の受け入れは全国的に行われるものであるため、特別交付税措置をしている。二重に措置されることはない。

つまり、この省令改正がなければ、総務省は愛知県に検討経費を交付できなかった。愛知県の住民からすれば、まさに、愛知県に検討経費を交付するための省令改正、と言っても過言ではない。がれき広域処理を正当化するため、政府はここまでするのか。

当時、筆者たちは文字どおり、「ここまでするのか」と思った。

結局、「がれき」の話は「お金」に行き着く

二年近い年月をかけて、住民たちはさまざまなことを学んできた。

最後に見えてきたポイントは、行政機構と官僚、政治家などがどうやって物事を動かしているのか、という点にこそあった。

被災地の復興に関しては、予算の使い方が最重要テーマであるはずなのに、「だれが、どんなしくみをつくって、なんのために予算を使っているか」という姿は、なかなか見えてこない。

それは行政が情報をきちんと開示してないからであり、逆に都合の良い情報を宣伝やニュースのかたちで国民に流しつづけているからだ。

愛知県内だけでなく、がれきの広域処理に関わった各地の住民たちは、それを強く思ったに違いない。

問題発生の当初からの動きを時系列に並べ、この問題の要点をまとめておきたい。

①**震災**で**二〇〇〇万**トンの「がれき」が**発生**した（と思われていた）。
②**環境省**は**全国**の**自治体**に**四〇〇万**トンの「がれき」**処理**の**協力**（広域処理）を**呼び**かけた。
③**環境省**は「がれき」**処理**に**必要**な「お金」として**一兆円**の**復興予算**を**確保**した。
④**予算**が**確保**できたので「がれき」**処理**に**必要**な「お金」は**全額国**が**負担**することにした。
⑤「がれき」を**処理**すれば**国**から**一**トン**当**たり**二万円**から**一〇万円**の「お金」が**貰**える。
⑥「がれき」が「お宝」（補助金）に**化**けた。
⑦**全国**の**自治体**から「がれき」＝「お宝」（補助金）の**受**け**入**れ**希望**が**殺到**した。
⑧しかし**全国各地**で「**汚染**」を**心配**する**住民**の**反対運動**が**起**きた。
⑨よく**調**べたら「がれき」の**総量**が**三割**も**減**って**広域処理**の「**必要性**」がなくなった。
⑩「**必要性**」がなくなったのでほとんどの**自治体**は「がれき」の**受**け**入**れを**断念**した。
⑪「がれき」が**三割**も**減**ったのに**環境省**は**復興予算**を**手放**さなかった。
⑫そして「**事業仕分**け」で**予算**が**減**ったゴミ**処理施設整備**の**補助金**に**復興予算**を**流用**した。
⑬**流用**した**復興予算**を**余**らせたくない**環境省**は**多**くの**自治体**に「お金」（補助金）をばらまきたい。
⑭そこで「がれき」を**受**け**入**れなくても「**検討**」しただけで「お金」（補助金）を**配**ることにした。
⑮「お金」（補助金）がほしい**自治体**は「**必要性**」がないのに「がれき」の**受**け**入**れを**表明**した。

⑯ しかし総量が減って「がれき」が残っていないのでどの自治体も前倒しで終了した。

⑰ 「お金」（補助金）をばらまきたい環境省は現地処理分を減らして「がれき」をキープした。

⑱ 大阪や富山で受け入れた「がれき」はこうして無理矢理つくり出した「エアがれき」だ。

⑲ 「エアがれき」だから強引に受け入れを決めた大阪や富山も前倒しで終了した。

⑳ 結局は「がれき」ではなく「お金」（補助金）の広域処理だった。

広域処理はだれのための政策だったのだろうか。

第5章

震災がれきから「核のゴミ」の全国処理へ

本章では震災がれき問題から想定される放射性廃棄物処理の今後について、問題提起しようと思う。震災がれきの広域処理は、あくまで「序章」に過ぎない、と筆者は考えている。何についての「序章」なのか。

放射性物質に関する規制は原発事故の前まで、「原子炉等規制法」に従っていた。一方、事故後は「放射性物質汚染対処特別措置法」（以下「特措法」）ができ、福島第一原発事故由来の汚染については、この特措法を適用することになった。汚染物質について、日本列島にはダブルスタンダード、二重規制ができあがったのである。

この結果、日本では今後、どのようなことが起きるのか。ここまでのおさらいも含め、「序章」の意味を見ていこう。

放射性廃棄物のすそ切り

震災がれきも除染廃棄物も、その処理の根拠となる法律は特措法である。

放射性物質の規制法は従来、「原子炉等規制法」であり、規制法は一キログラムあたり一〇〇ベクレル以下の汚染物質に「クリアランスレベル」を適用していた。この基準以下のものは法律上、「再利用等」を可能とし、基準以上のものは全て放射性廃棄物として厳重に保管・管理されていた。

実際の運用面はどうだったか。

たとえば、二〇一二年四月二〇日付の朝日新聞記事によると、東京電力柏崎刈羽原発（新潟県）から

ドラム缶に入れられ、保管される低レベル放射性廃棄物（柏崎刈羽原発）［朝日新聞社提供］

出た「低レベル放射性廃棄物」は、一キロあたりの放射性セシウムが一〇〇ベクレル以下であっても、黄色いドラム缶に入れて厳重に管理し、放射性物質が漏れ出ないように措置していた。法律の要請以上に、厳しい運用が行われていたのである。

しかし、二〇一二年一月一日に「特措法」が施行されると、放射性廃棄物の処理に関する「常識」が大きく変わった。

なにしろ、「一〇〇ベクレル」というクリアランスレベルは、廃棄物どころか、食品の暫定安全基準と同じなのだ。

特措法においては、一キログラムあたり八〇〇〇ベクレル以下のものは、放射能に汚染されていない廃棄物とみなす、ということにされた。この基準以下のものには通常の廃棄物処理法を適用し、普通の家庭ゴミや産業廃棄物と同じように処理しても法律上は問題ないとされたのだ。

今までは黄色いドラム缶で厳しく保管されていた放射性廃棄物を、一般の家庭ゴミと同じような形で処理しても構わないというのだから、すさまじい。

まだある。

特措法では「指定廃棄物」というカテゴリーを定めている。これは一キログラム当たり八〇〇〇ベクレル超の汚染廃棄物だ。

具体的には、「八〇〇〇以上、一〇万ベクレル未満」の指定廃棄物は、従来の処分場（焼却炉及び管理型処分場）で処理してもよいとされた。「一〇万ベクレル超」の指定廃棄物は、宮城、栃木、茨城、群馬、千葉の各県において、新たに整備する最終処分場（遮断型処分場）で処理する計画としている。

福島県では、除染作業等により指定廃棄物が大量に発生するため、この遮断型処分場を「中間貯蔵施設」として福島第一原発周辺の大熊町と双葉町に整備し、そこに貯蔵した汚染廃棄物は三〇年以内に福島県外で処理する計画としている。

しかし、政府・環境省が描くこの計画もまた、震災がれき広域処理の計画と同じように、多くの問題点を抱えている。

たとえば、福島県の田村市では、除染廃棄物（指定廃棄物）の不法投棄や多重下請けなど、違法行為とも言える不適切な除染作業が行われ、それを自治体や環境省が放置している疑いが報告されている。

同じく鮫川村では、自治体が地権者に無断で汚染土壌の埋設場や搬入路を整備したうえ、環境省が近隣住民の反対を押し切って仮設焼却炉を稼働し、指定廃棄物を焼却して減容する実証実験を強行し

図9　指定廃棄物の処分場（イメージ）

8000〜10万ベクレルは管理型処分場

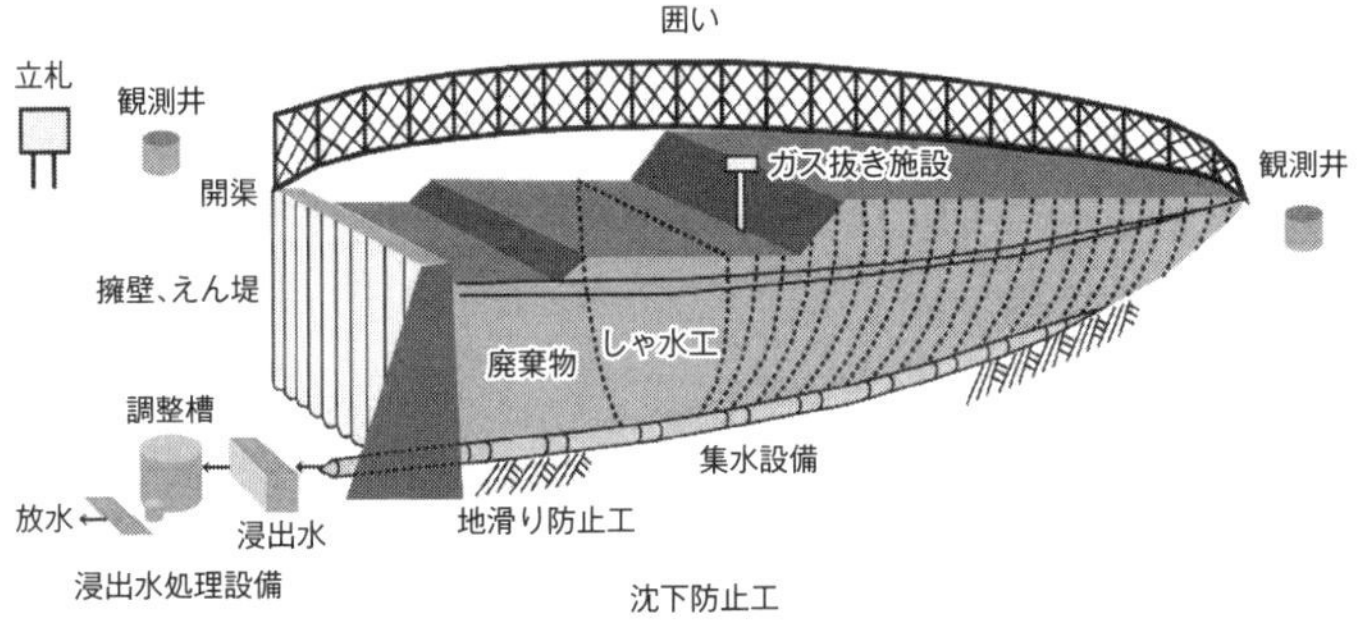

10万ベクレル以上は遮断型処分場

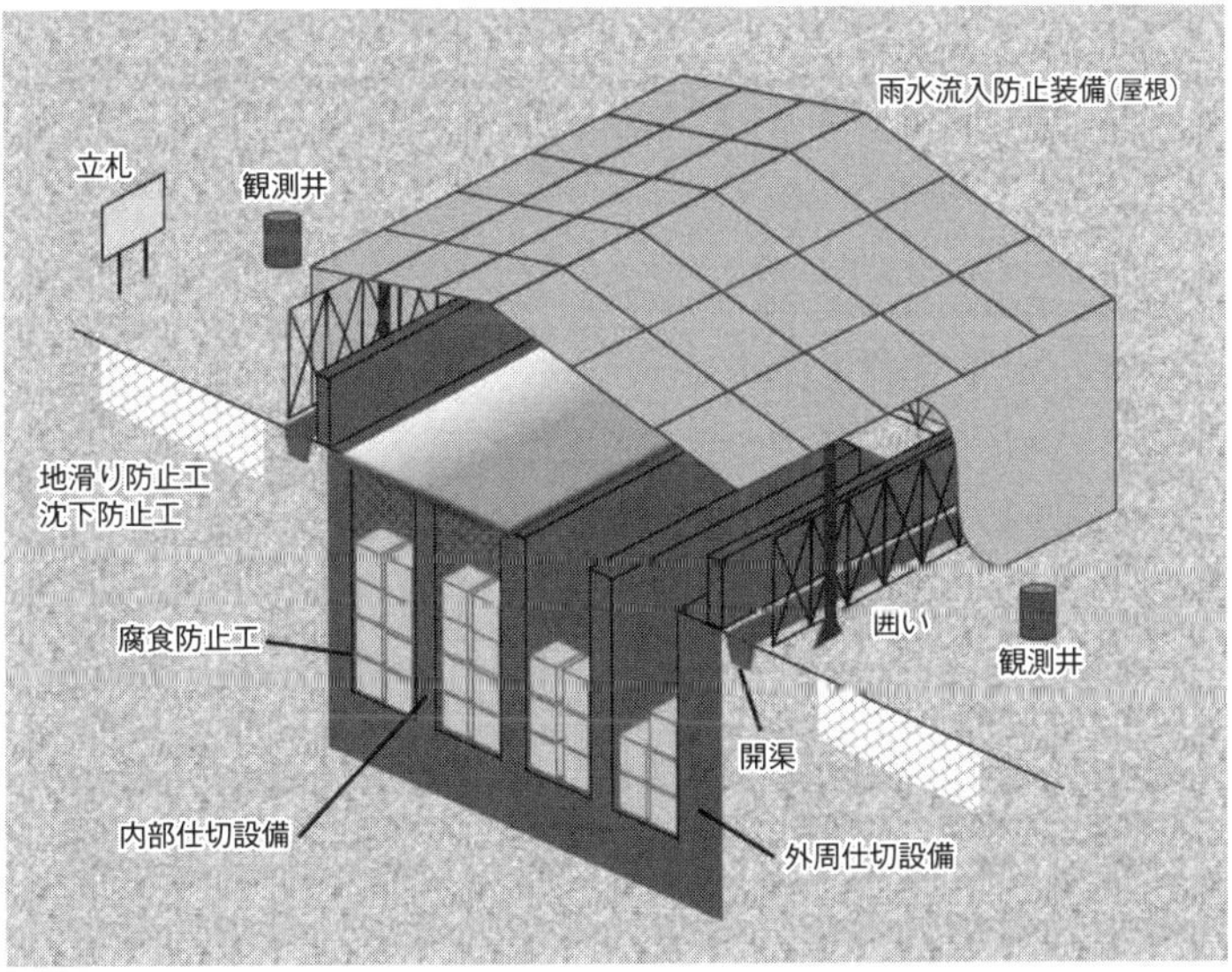

ていた疑いが報告されている。
これらの事例についても概観しておこう。

福島県田村市における除染廃棄物不法投棄問題

福島県田村市の東部は、避難指示区域である葛尾村、浪江町、大熊町、川内村に囲まれ、市民の一部が避難をつづけている地域だ。

その田村市の震災前の予算は市全体で年間約二三〇億円だった。ところが、二〇一四年度は除染関連予算だけで約二四〇億円に達した。従来の市全体の予算を上回る規模に膨れ上がったのである。多くの除染業者が殺到したのも当然だった。

そうしたなか、田村市東部の民家の庭に除染廃棄物を無断で埋めた、という内部告発がテレビ局のスタッフに寄せられたのである。地権者立ち会いのもとで現場を掘り起こしてみると、ビニール類や瓶缶類などの廃棄物が発掘され、除染廃棄物を不法投棄した疑いが浮上した。地権者が市役所や警察に相談したところ、「もともと地権者が埋めたごみではないか」と言われ、まともに対応してもらえない。

このため、テレビ局スタッフは二〇一四年一月、池田こみち氏(環境総合研究所顧問)に相談し、池田氏らは現地に赴いて第三者的な調査を行うことになった。

庭の中央部分を掘り起こすと、内部告発のとおり、ごみが大量に発見された。地権者が庭に置いていた車のタイヤや自転車までも放り込まれていた。

除染作業で出た廃棄物は、放射性物質の汚染濃度が高く、特措法の「指定廃棄物」に該当する可能性がある。このため、適切な保管管理が必須だ。

しかし、内部告発者（三次下請けの作業員）によれば、「早く除染が終わったことを示すためにも、現場がきれいになっていることが重要であり、その場に穴を掘って埋めることが最も手っ取り早かった」という。

田村市の除染業務を請け負った元請け業者や一次下請け、二次下請けに、テレビ局スタッフが話を聞いたところ、いずれの業者も適切な管理を行っていなかった。

以上は、池田氏らが現地調査した報告の概要だ。

この調査結果からすれば、田村市における除染廃棄物処理において、多重下請けや不法投棄が行われていた疑いがある。

じつは、この「事件」に関しては環境省の「不適正除染一一〇番への情報提供について」にも通報が寄せられていた。

環境省ホームページの「通報の概要と対応について」を参照すると、「除染で出た土壌等を保管せず、穴を掘って埋めていた（時期不明、飲食店での隣席の作業員の会話、平成二五年一月二九日にも再度通報あり）」との記載がある。それにもかかわらず、環境省は「事実関係の確認が困難。事業者へは連絡し、注意喚起」で済ませていた。結果的に不適正除染（不法投棄）を放置していたのである。

民間組織の「環境総合研究所」による現地調査で、すぐに確認できることが、なぜ政府機関の環境省ができなかったのだろう。

なお、環境省が二〇一五年一月に実施したパブリックコメントによれば、除染作業の円滑な実施を目的として多重下請けを合法化するための特措法施行規則改正を検討している。しかし、除染作業ではこれまでも数々の不正行為が発覚しており、その温床となっている多重下請けを容認する規制緩和については疑問と言わざるを得ない。

福島県鮫川村における実証実験用仮設焼却炉問題

田村市と同様に、福島県鮫川村でも不正行為が発生している疑いが出ている。

二〇一二年一一月二五日の東京新聞は「福島・鮫川村　放射性廃棄物焼却の実験施設　住所すら非公開」との見出しで、以下のように報じている。

「**環境省**が、**原発事故**で**生**じた**高濃度放射性廃棄物**を**焼却**する**実験的施設**の**建設**を**福島県鮫川村**で**始**めた。**各地**で**処分**が**滞**っている**汚染稲**わらや**牧草**の**処理**モデルを**目指**すという。ところが**村**は**建設予定地**の**住所**さえ**公開**せず、**近隣住民**からは『**恒久的**な**施設**になるのでは』と**不安**の**声**が**上**がっている」

環境省は二〇一二年度、指定廃棄物の焼却実証実験を行うため、鮫川村に仮設焼却炉の建設を計画した。環境省が実施する「平成二四年度放射性物質を含む農林業系副産物焼却実証実験に係る調査業務」である。

この調査業務は、一日あたり一・五トンの焼却能力を持つ仮設焼却炉により、一キロ当たり八〇〇〇ベクレル超の農林系廃棄物(指定廃棄物)を焼却処理。そのうえで、放射性物質の挙動の知見を蓄積したり、安全性の確認や減容化、安定化などを調査したりすることが目的とされた。

鮫川村でのこの仮設焼却炉の実証実験を経て、福島県内約二〇ヵ所に仮設焼却炉を建設し、指定廃棄物を焼却して減容化を図る。それが政府・環境省が描く計画である。

原発事故で大量に発生した除染廃棄物(指定廃棄物)を、一刻も早く目の前から消し去りたい政府や自治体にとっては、是が非でも成功させたい事業に違いない。

このため、環境省は近隣住民の反対の声を押し切る形で、仮設焼却炉による焼却減容の実証実験を強行した。しかも、実験開始からわずか九日目に爆発事故まで起こしている。

不正が発覚したのは、この実証実験の現場である。

二〇一四年一〇月一七日に市民団体が郡山市記者クラブで発表したプレスリリースによると、実験用焼却炉の設置場所は「青生野協業和牛組合」が管理する共有農地である。それなのに鮫川村は、地権者と土地の賃貸借契約を結ぶことなく、この共有農地を占有し、汚染土壌の埋設場や搬入路を整備していたという。このため、地権者が鮫川村長を不動産侵奪罪で刑事告訴する事件にまで発展しているのだ。

プレスリリースによると、この「事件」に関して環境省は、搬入路は鮫川村がつくったものであり、国はそれを利用していただけ、と説明しているらしい。

しかし、震災がれき処理でも除染廃棄物処理でも、政府や環境省が強引に推し進める計画には無理が多く、あらゆる場面で住民合意を軽視しているように思えて仕方がない。住民合意を軽視した政策(公共事業)を強行するから、このような不正行為がはびこる隙を与えるのではないだろうか。

震災がれきから「核のゴミ」の全国処理へ

震災がれきや除染廃棄物処理において、政府・環境省が住民合意を軽視してまでも処理(政策)を強行する理由はどこにあるのだろうか。

福島第一原発は、事故から四年が経過した二〇一五年三月現在も「原子力緊急事態宣言」発令中である。「レベル七」の原発事故は未だ収束しておらず、溶け落ちた燃料の位置や状態すら確認できていない。

それなのに、政府や電力業界、産業界は「原発再稼働」に向け、突っ走っている。汚染された地域に子供たちを置き去りにしたまま、事故以前の生活に戻ろうとする。全ては、リスク回避による安全確保よりも、経済合理性を重視しているからに他ならない、と筆者は考えている。

さらに、もう一点、指摘しておかなければならない。

政府・与野党・マスコミまでもが一体となり、がれきの広域処理を強引に推進した理由は何か。第二章で説明したように「政府はがれきの処理と一体で『汚染資源のリサイクル処理』を進め、一気に『クリアランス制度』の既成事実化を図る——。そんな思惑が見えてくる」と記した。

その先にあるものが「放射性廃棄物処理の規制緩和」だ。

参考になる新聞記事を紹介しよう。四国電力の伊方原発を抱える愛媛県の地方紙、愛媛新聞の二〇一二年一二月二〇日付朝刊である。記事は「伊方の放射線管理区域廃棄物『汚染なし』一般処理」という見出しの下、こう報じた。

「四国電力は一九日、伊方原発の放射線管理区域内で発生した、放射性物質による汚染の恐れがない廃棄物について、二〇一三年一月から資源の有効活用を目的に再利用したり、一般産業廃棄物として処分したりすると発表した。

精密機械の梱包材や電池、工具などが対象。四電は国の指示に基づき、廃棄物が汚染されているかどうかを判断する基準を作成し、伊方原発の原子炉施設保安規定に追加。経済産業省原子力安全・保安院（当時）に申請し、一二年九月、認可された。

四電によると、管理区域内に搬入された機材の場所や日付を記録し、明らかに放射性物質の汚染がないと判断できる場合、再利用するか、一般産業廃棄物として処理する。廃炉作業などで発生する原子炉建屋のコンクリートなども対象となる。

四電は当面、対象物の線量を自主的に測定した上で処分しているとしている。伊方原発では現在、管理区域内で発生したすべての廃棄物を放射性廃棄物として管理区域内に保管し、青森県六ヶ所村の施設に搬出している」

記事のポイントは「四電は国の指示に基づき、廃棄物が汚染されているかどうかを判断する基準を作成し、伊方原発の原子炉施設保安規定に追加。経済産業省原子力安全・保安院（当時）に申請し、一二年九月、認可された」の部分だ。

国の指示に基づき四電が作成し、原子力安全・保安院（当時）に認可された「基準」とは、一体どのような「モノサシ」なのだろう。

この報道について、四電エネルギー広報室に問い合わせた住民によると、以下のような回答だったという。

「これまで伊方原発の放射線管理区域内で発生した廃棄物は全て六ヶ所村の施設で処理していたが、今後は現行の原子炉等規制法に則り、一〇〇ベクレル（Bq／kg）以上は低レベル放射性廃棄物として六ヶ所村で、一〇〇ベクレル以下は『汚染のない廃棄物』というクリアランスレベルを運用して通常の産業廃棄物として処理する」

これはいったい、何を示しているのだろう。

第二章で述べたとおり、クリアランス制度はまだ日本社会に十分定着しておらず、政府による「測定方法の認可」や「測定結果の確認」といったプロセスを経なければ、通常の産業廃棄物としては処理できないことになっている。

しかし、そのルールが大きく見直されようとしているのではないだろうか。

なぜなら、放射性廃棄物を普通のゴミとして処理する事例が、その後も次々と既成事実化しているからだ。

放射性物質の従来の規制法である原子炉等規制法をなし崩し的に規制緩和するずさんな措置が、いつのまにか進められているように思えてならない。

たとえば、二〇一四年八月三〇日付朝日新聞の記事「廃炉の浜岡原発一・二号機、解体撤去物の搬出開始」によれば、中部電力浜岡原発の廃炉廃棄物が通常の産廃として搬出されたらしい。

記事にはこのように書かれている。

「御前崎市の中部電力浜岡原発一、二号機の廃炉に伴う解体撤去物の搬出が二九日始まった。計画では、今後二二年間に原子炉を含む四八万四六〇〇トンの廃棄物を処分する。解体撤去作業は、放射性物質に汚染されていない放射線管理区域外から進み、今後、タービン建屋、原子炉建屋にも着手する。

中部電によると、廃棄物には高レベル放射性廃棄物の使用済み燃料は含まない。廃棄物の内訳は、放射線管理区域内から、原子炉圧力容器などの低レベル放射性廃棄物が一万六六〇〇トン、発電タービン翼など、**放射線量**が**計測不能**なほど**低い**クリアランスレベル**以下**の**廃棄物**が**四四万二二〇〇トン**、**配電盤**などの**放射性廃棄物**でない**廃棄物**（NR）が**二万四六〇〇トン**、**放射線管理区域外**の**解体撤去物**が**一二〇〇トン**と**推計**している。

NRと**解体撤去物**は**一般産業廃棄物**として**処分**したり、リサイクル**業者**に**売り渡**したりする。**放射線**に**汚染**された**廃棄物**は**国**の**確認**を**受け処分**する」

先に紹介したとおり、東京電力の柏崎刈羽原発（新潟県）では、そこから出た「低レベル放射性廃棄物」については、一キロあたりの放射性セシウムが一〇〇ベクレル以下であっても、黄色いドラム缶に入れて厳重に管理し、搬出後はコンクリートや土で固め、放射性物質が漏れ出ないように措置している。

これに対し、中部電力の浜岡原発（静岡県）から出た廃棄物は、クリアランスレベル（一〇〇ベクレル）以下とはいえ「一般産業廃棄物として処分したり、リサイクル業者に売り渡したりする」というのだ。法改正ではないものの、明らかに運用面での「規制緩和」と言えるだろう。

さらに、東海原発の廃炉廃棄物については、専用の処分場ではなく、敷地内に埋設処理しようとしている。

二〇一四年九月二四日付の読売新聞記事「東海原発　低レベル廃棄物敷地埋設」によると、東海原発（茨城県）は一〇万ベクレル以下の放射性廃棄物を、原発敷地内に埋設処理するのだという。記事にはこのように書かれている。

「国内の商業用原発で初めて廃炉が決まった東海原発（東海村）を巡り、日本原子力発電は解体作業で発生した最も濃度レベルが低い『極低レベル放射性廃棄物（L3）』について、県や東海村の理解を得た上で、早ければ二〇一八年度にも現地で埋設処分を始める意向を固めた。原子力規制委員会によると、商業用原発から出る放射性廃棄物を現地の事業所敷地内に埋設するのは、これまでに例がないという。

現地で埋設されるのは低レベル放射性廃棄物の中でも、最も濃度レベルが低い「L3」の約一万二三〇〇トン。埋設されるのは配管などの金属類のほか、建屋から出るコンクリートブロックなどで、放射能濃度は、セシウム137の場合一キログラム当たり一〇万ベクレル以下という。L3は鉄の箱などに収納され、深さ約四メートルの埋設施設に処分される。埋設施設は厚さ約二・五メートルの盛り土で覆われ、盛り土表面は舗装される」

先述したとおり、「特措法」では、一〇万ベクレル（Bq／kg）以下の除染廃棄物（指定廃棄物）であれば、普通の最終処分場（管理型処分場）で処理しても良いとされた。

廃炉廃棄物でも、これと同等の処理をしても問題ない、という前例をつくりたいのではないだろうか。

こうした動きを見るかぎり、四国電力が作成した「モノサシ」＝「廃棄物が汚染されているかどうかを判断する基準」が、「原子力等法規法」で定める「クリアランスレベル」と同じものとはとても思えないのだ。

先述したとおり、福島第一原発事故由来の汚染の場合は、「特措法」により八〇〇〇ベクレルまでは、「汚染されていない」とみなして廃棄物処理法で処理できるようになっている。

つまり、原子炉等規制法のクリアランスレベルと「モノサシ」が逆転現象を起こしている。

したがって「最悪のシナリオ」としては、今後は現行のクリアランスレベル(一〇〇ベクレル)を規制緩和して、「特措法」の基準(八〇〇〇ベクレル)に合わせる。そこまで考えておいた方が良いのではないだろうか。

すでにその「前兆」は現れているように思う。

二〇一四年一一月一〇日の朝日新聞報道によると、東京電力福島第一原発事故で汚染された稲わらなど指定廃棄物の処分場建設に関し、望月義夫環境大臣が「指定廃棄物は、基準となる一キロあたり八〇〇〇ベクレルを下回れば『普通の廃棄物として処理できるようになる』」と説明したという。

このように、国民的な議論もないまま「特措法」による処理を強行しつつ、原子炉等規制法による放射性廃棄物の規制もまた、なし崩し的に見直されようとしているのではないだろうか。

たとえば二〇一五年二月一〇日の読売新聞によると、鳥取市内に放射性廃棄物が不法投棄された問題に関して鳥取県の平井伸治知事は、放射性廃棄物を処理するための新たな法整備を国に要望したという。

政府は、こうした地方の声を代弁者に仕立てて「特措法」の恒久化につながる法整備を目指しているのではないだろうか。

福島第一原発事故が原因でも、それ以外が原因でも、放射能汚染に違いはない。八〇〇〇ベクレルまでの汚染廃棄物を「普通の廃棄物」として処理するようになれば、クリアランスレベルも規制緩和されて同じ基準になるのは、火を見るより明らかではないか。

そして、この規制緩和が実現すれば、原発の廃炉作業で発生する廃棄物は、ほとんど通常の産業廃棄物として処理が可能となる。

六ヶ所村や政府が検討中の「最終処分場」（地層処分場）で処理が必要となるものは、使用済み核燃料など、ごく一部の限られたものだけになる。

これにより、政府や電力会社にとっては、廃炉コストの大幅な削減につながるのだ。

原発の廃炉で発生するがれきは、一基分で約五〇万トン、全国の原発五四基分だと約二七〇〇万トンだ。

震災がれきの処理では、政府は約二〇〇〇万トンのがれき処理に対して、一兆円の予算を確保した。

廃炉廃棄物の場合は、処理の複雑性・困難性に加えて、使用済核燃料をはじめとする高レベル放射性廃棄物の処理なども考慮すると、必要なコストは総額で一兆円をはるかに超えるに違いない。

震災がれきの処理では、「お宝」と化したがれきは一般廃棄物として各自治体による争奪合戦まで起きた。

しかし、各地の住民による粘り強い反対運動により、一部の自治体を除けば広域処理は事実上崩壊した。

一方、廃炉廃棄物は産業廃棄物として処理されることもあって、震災がれき以上に処理に関する情報が住民に隠ぺいされることが懸念される。実際、浜岡原発から搬出された廃棄物の処分先を中部電力は明らかにしていないのだ。

私たちは、「脱原発」だけではなく、その先にある廃棄物処理問題について注視していくことが重要だろう。

市民として当たり前のことを求めて——大関ゆかり

放射能と環境を考える会代表

新潟市や周辺の計五市に請願、陳情、署名

二〇一一年秋、放射性物質不検出の震災がれき受け入れを新潟市が検討中と聞き、私たちは活動を始めた。まず、市環境課に測定値の公開と安全対策を申し入れた。動いたのは、数名の母親らと数名の市議会議員だ。

動きがさらに活発になるのは、二〇一二年になってからである。

四月八日、新潟市内在住の主婦二人と、新潟大学の野中昌法教授の研究室を訪ねた。教授は事故直後から、福島の農業支援とし、放射性物質の土壌や用水での挙動を調べていた。

その数日前、新潟県内の五市（新潟、長岡、三条、柏崎、新発田）が受け入れを決定していた。そのため、私たちは事前に、焼却施設や埋め立て処分場周辺の土壌調査をしたいと考え、測定の方法や地点のアドバイス、実際の測定にご協力いただけるかどうかを聞きに行ったのである。

ところが、私たちの考えや計画は、野中教授の発言で急展開した。

「放射性物質は拡散してはいけない。集めて封じ込めるべき。本来は行政が測定するべきもの。行政に当然やってもらうべきことを要求したほうがいい」

測定に必要な手間も費用も住民側が負担し、汚染がないかどうか確認したい——。そう私たちは思っていたが、そのまえにまず、行政に対して「汚染のないように」と対策を要望することになった。

新潟県と五市、およびそれらの議会に対し、署名と請願、陳情を行うことになった。野中教授も発起人として賛同してくださったうえ、よびかけに応じてくださった専門家の先生方が、発起人として続々と賛同してくれた。

安全を確認できるような測定と対策・情報公開をしてもらうこと。

市長が勝手に一〇〇ベクレルまで大丈夫と決めるのではなく、新潟市のその当時の一般廃棄物処理と同様にND（検出限界以下）のものとするように検討してもらうこと。

市民にしっかりと説明をしたうえで意見や賛否を聞いてもらえるように要望することになった。

請願・陳情の内容は、以下のようなものだった。

新潟県および**瓦礫受け入れ**を**表明**した**五市**には、**東日本大震災**で**発生**した**震災**がれきの**処理**を**検討**するにあたり、**以下**のような**安全**の**確保**と**情報**の**公開**を**求め**るとともに、**県民・市民**を**広く含**めた**議論**の**上**で**理解**が**得**られない**場合**は、**県内**での**試験焼却**を**行**わないこと、および**広域処理**の**中止**をするように**強く求**めます。

◉**現時点**における**焼却施設及**び**焼却灰埋**め**立**て**処分施設周辺**の**環境測定**と**数値**の**公開**
ダイオキシンによる**汚染**の**際**、**焼却場**の**煙突**から**半径五**キロの**範囲**で、**特**に**高濃度**の**汚染**が**確認**されており、**東京都**の**調停事例**などでは、「**清掃工場焼却炉排出口**の**中央部**を**中心**とする**半径五**キロの**円内**」での**測定**が**求**められています。**放射性物質**についても、**挙動**が**解明**されていない**点**からみて、**同等以上**の**測定**をする**必要**があると**考**えます。**焼却施設・埋**め**立**て**処分施設周辺**には、**子**どもが**多**く**集**まる**公園**、**学校**、**幼稚園**、**保育園**などが**多**く、そういった**施設**については**特**に**厳重**な**安全対策**が**求**められます。**焼却施設**については、**半径五**キロの**円内**の**現時点**での**土壌調査**と**空間線量測定**、および**半径二〇**キロ**圏内**の**公園**、**教育施設**のグラウンド、**園庭**の**現時点**での**土壌調査**と**空間線量測定**を**実施**し、**結果**を**公開**するように**求**めます。また**焼却灰埋**め**立**て**処分施設**については、**現時点**での**放流水**の**測定**と、**半径五**キロの**円内**の**現時点**での**土壌調査**と**空間線量測定**、および**半径二〇**キロ**圏内**の**公園**、**教育施設**のグラウンド、**園庭**の**現時点**での**土壌調査**と**空間線量**

測定を実施し、その数値を公開するよう求めます。

◉震災瓦礫の放射性物質および有害化学物質の検査方法と結果の公開

震災瓦礫に含まれる放射性物質については、空間線量であるμSv／hのみではなく、含有物としてのBq／kg単位で、適正な機器（NaIシンチレーションスペクトロメーター、ゲルマニウム半導体検出器等）を使用したうえで正確に含有量を測定し、結果を公開するように求めます。

◉震災瓦礫と一般ゴミとの混合率の公開

震災瓦礫と一般ゴミを混合して焼却する場合は混合率を公開することを求めます。

◉焼却開始から終了までの排気中の放射性物質の測定と数値の公開

現在、試験焼却を進める自治体では、焼却処理の途中、一部時間帯の測定しかされていません。焼却処理によって大気中に放出される可能性のある放射性物質について、今現在その挙動は解明されておらず、適切な測定にはなっていません。焼却開始から終了まで、継続して排気中の放射性物質を測定し、数値を公開することを求めます。

◉焼却灰に含まれる放射性物質および有害化学物質の測定と数値の公開

焼却灰に含まれる放射性物質については、含有物としてのBq／kg単位で、適正な機器（NaIシンチレーションスペクトロメーター、ゲルマニウム半導体検出器等）を使用したうえで正確に含有量を測定し、結果を公開することを求めます。

◉焼却灰埋め立て処分施設周辺の環境測定・放流水に含まれる放射性物質（特にセシウム・ストロンチウム）の測定と数値の公開

焼却灰埋め立て処分施設は、現時点で放射性物質の安全管理に対応していないのは明らかです。施設周辺への風雨や自然災害による放射性物質の拡散が発生しないような予防策をとったうえで、土壌測定と空間線量測定および数値の公開を継続して行うこと、また、放流水を排出する前に放射性物質の除去などの安全対策を行ったうえで、放流水に含まれる放射性物質（特にセシウム・ストロンチウム）の測定と数値の公開を求めます。

◉バグフィルターの交換頻度と付着放射性物質の測定および処分方法の公開

バグフィルターの有効性については、放射性物質に関しては検証されていませんが、従来よりも高い頻度での交換と付着している放射性物質の測定と数値の公開を行うこと、またその処分が適正にされていることを公開するよう求めます。

◉被災地で、適正な分別と、上記のような測定および安全の確保がされたうえで処理されているかどうか、また測定値を含めた情報公開

請願、陳情、署名——。

それらを継続するにあたって、私たちは「受け入れの賛否に関わらず、安全管理と情報公開が足りないと思っている方々が周囲に多く、そういった方々の声を集めて五市に届けたい」と考えた。

請願・陳情・署名活動の結果、新潟市議会で一部採択された。

残り半分の項目は、市側が物理的に測定できないものである、との理由により不採択。長岡市議会、柏崎市議会では陳情が回覧。新発田市議会は、時期尚早として不採択だった。

「問題の根源」を確信する

新潟市議会で不採択となった項目について、私たちは「新潟県にやっていただけることもあるのでは」と思い、県放射能対策課に相談してみた。県には専門家もいて、住民の不安をしっかりと受け止め、対応しているという印象を受けた。

県の対応は、他の食品などに関する案件についても、放射能に関わることとの安全管理や情報公開が十分されていると感じる。それぞれの地域によって事情が異なる点もあるため、ほかの団体やグループの仲間たちと協力して引きつづき、抗議行動や測定活動などをつづけた。

「問題の根源」を確信したのは、五市すべての市議会と市長に対する請願・陳情を終えた後だった。七〇〇〇人を超える署名の原本を泉田裕彦知事に手渡した際、非公式なかたちで知事と話した内容によって、私のなかで、より明確になったのである。

それは、国が、震災後に低レベル放射性廃棄物の基準値や処理方法を変更したことや、食品の基準値を変更したことである。

二〇一二年一〇月に新潟市の秘書課に提出した「市長への手紙」を抜粋、要約するかたちで、当時の思いを伝えたい。

私は、活動を進めていくなかで、全国で同じような構図の問題が起きていることに気づきました。一番大きな問題点は、震災後に低レベル放射性廃棄物の基準を変更し、原発の中と同じものを、原発の外の放射能対策が不十分な施設での処理に適用したことです。また、食品の基準値も実際の汚染の度合いを詳しく調査する前に一気に引き上げたことも問題でした。汚染された薪、稲わら、原木の全国への流通を防止できなかった国への不信感もありました。新たな汚染がいくら微量であったとしても許容してしまうと、原発事故の責任の所在を不明瞭にしてしまうと思いました。

震災がれき処理については、環境省による広域処理政策自体が、個々の被災地が抱える問題や要望を無視し、一部の自治体の震災直後の要望のみに基づいて作成されたものであることが大きな問題です。そして可燃がれきについては、焼却処理のみとしたことも問題です。一般廃棄物の処理施設で、放射性物質を焼却、埋め立てすることは、震災前の施設建設時からみれば想定外のことです。それを、従来のダイオキシン対策用のバグフィルターや、盛り土を増やすだけのことで、

安全確保などできないことは明らかです。

分別されていないがれきの山が街中いたる所にあった時期はとうに過ぎており、被災者の方々の気持ちも変化してきています。岩手県釜石市と大槌町ではじまった「和RING-PROJECT」のことを知りました。プロジェクトに協力していただいた手紙の中の言葉を紹介します。

ある日ご遺族が戻っていない仲間の一人が「洋服の一部でもあれば、身につけて共に生きて行けるのに」と一言こぼしました。忘れてはいけない、あの日、あの場所を！　片づけられていく瓦礫。その光景に、日々思いは強くなり、「共に生きて行く為に、あの日あの場所にあった物で何かを作り出そう！」。この思いからすべてが始まりました（中略）「瓦礫」と言われていますが、私たちにとってはすべてが大切な物です。

彼らは、解体されることになった家の中の放射能汚染されていない柱や家具の一部を、「瓦礫」にされてしまう前に引き取り保存し、仮設住宅などの被災者にキーホルダーへの加工作業を有料で依頼し、インターネットなどを利用して全国で販売しています。すべて被災地に利益がある仕組みを考え出したわけです。こういった発想にも、環境省は目を向ける必要があると思います。頑なに広域処理にこだわる環境省とは対照的に、農水省の管轄である林野庁は、震災がれきを道路や盛り土に使用するなど、リサイクルをどんどん進めています。省庁間の「絆」も大事にしていただきたいものです。


汚染ありきの、被ばくの話で安全論を強調した説明に対し、私たちは強い違和感があった。非常に無責任だと感じた。

さらに、全体の八割を占める不燃がれきの写真を説明会で使用するなど、歪められた情報提供もあった。

そうしたなか、「放射能と環境を考える会」も九月下旬、二回にわたって説明会を開催し、参加者に賛否をたずねた。その結果、条件付きで「安全が確立されてからであれば賛成」が一人。ほかの回答者一一〇人はそろって「反対」という答えだった。

しかし、新潟市側の曖昧な態度は簡単に変わらなかった。

そもそも地方行政の政策決定過程に問題がある

新潟市に対する二回目の請願は、この二〇一二年一二月だった。そして、新潟市議会一二月定例会で、下記の内容を全会一致で採択した。

東日本大震災がれき処理および一般廃棄物焼却灰からの有害化学物質検出についての、市長による市民に対する十分な説明を求める請願

東日本大震災で**発生**したがれきの**処理**について、**新潟市**は、**安全対策**に**関**する**説明**が**十分**とは**言**えない**状況**の**中**で、「**大方**の**意見**を**総合**して」という**曖昧**な**根拠**による**判断**で**試験焼却**を**行**なおうとしました。

焼却・**埋**め**立**て**施設近隣**の**住民**のみでなく、**新潟県在住者**、**県内外**の**消費者**が**納得**のいくように、**追加**の**安全対策**を**十分**にとるということを**説明**できなければ、**試験焼却**であっても**安全性**の**確保**はできません。**焼却**も**埋**め**立**ても、**安全性**については**追加**の**懸念**(**放射性物質**および**有害化学物質**)を**考**えれば、**測定**をすればよいというものではなく、**十分**な**対策**をとることが**必要**です。

これまでの**説明会**やタウンミーティングでの**市民**からのさまざまな**質問**に**対**しても、**担当課**や**市長**は**明確**に**回答**されていないため、**今回**の**試験焼却**の**判断**にあたって、**上記**のような**懸念事項**を**理解**されているか、**疑問**が**残**ります。

また、**新田清掃**センター、**亀田清掃**センター、**新津**クリーンセンターの**三施設**での**一般廃棄物処理**の**不手際**および**事故**や、**市民**への**十分**な**周知**・**情報公開**や**説明**がなかったことは、**新潟市**の**廃棄物行政**に**対**する**信頼**を**損**なうものであり、こうした**体制**のまま**試験焼却**・**本焼却**へと**進**むことは**納得**できません。

(**請願内容**)

一・**有害化学物質**が**検出**された**一般廃棄物処理**の**経**

過について、市担当者による十分な説明と、市長と市民の対話の機会を設けること。

二・震災がれき処理の判断にあたって、市長が直接市民の意見を聴き、市民からの質問や意見、要望についても、市長自ら回答する機会を設けること。


震災がれきの広域処理に反対する活動を通じ、地方行政について初めてわかったことがたくさんあった。

たとえば、議会で可決、採択されたとしても、それが行政に反映されるかどうかには首長の判断が大きく関わっている。

だから民意は、近くの議員だけでなく、秘書課や担当部署経由で首長にも同時に伝える必要があった。

声を聴いてもらえない無力感をもっとも強く感じたのは、地方自治体にいくら安全対策や情報公開を求めても「国が大丈夫だと言っている」「何かあったら国に補償を求める」といった回答をもらったときだ。

すべて国に責任転嫁する姿勢、今まで以上の対策を講じもしない姿勢。

地域住民が納得し合意したうえで協力の是非を決めるという、当たり前であるはずのことがないがしろにされているのは、広域処理の問題以前に、地方自治体の政策決定方法に問題があることを表している。

環境省と〝特別な絆〟で利を得た富山県——宮崎さゆり

とやま市民放射能測定室　はかるっチャ代表

最後まで受け入れに固執

テレビ画面には石井隆一富山県知事の顔が大きく映し出されていた。彼は「多くの県民の理解を得て受け入れをすすめ、結果として終了することになったのは良かった」と語り、さらに高橋正樹高岡市長は「実効ある協力ができた」とインタビューにこたえていた。

これは石原伸晃環境大臣と達増拓也岩手県知事から「七月末までに富山県向けの可燃物の搬出は終了する」との連絡を受けて、富山県内の関係首長の発言が大きく報道された二〇一三年七月一七日のことだ。

そこには県民・市民・住民のみなさんに迷惑をかけたという言葉はなく、私は精一杯の面目を保つための発言だと感じた。

つづく八月一日、富山県内一市二組合の焼却施設における震災がれきの受け入れが、すべて終了した。

富山県内で受け入れたのは、岩手県山田町の震災がれきだ。総量は一二五六トン。内訳は高岡市五一九トン、富山地区広域圏事務組合四二六トン、新川広域圏事務組合三一一トンだった。

岩手県内の一日当たりの可燃物処理能力は、およそ一〇〇〇トンであった。岩手の処理施設を使えば一日余りで処理可能な量のがれきを、はるばる富山県まで運び、三ヵ月かけて終了させたことになる。

しかも、富山県内の実質受け入れ量は、二〇一二年八月に環境省が要請した量の一〇分の一に激減している。さらに処理は年内一杯かかるとの見通しも五ヵ月早く終了した(図10)。

富山県内での震災がれき広域処理に反対していた人びとは、どのような思いで首長らの発言を聞いたのだろうか。怒りと悔しさを感じながらも早期終了に安堵した人、もう二度と放射能拡散が起こらないようにと決意を新たにした人……。長く続いた反対運動の徒労感で溜息が出た人もいたかもしれない。

二〇一一年八月一一日に環境省が災害廃棄物の広域処理ガイドラインを発表し、にわかに日本全地域を対象とした放射性物質の二次拡散問題が浮上してから、富山県内での受け入れが終了した二〇一三年八月一日までの二年間は、たしかに長かった。その間に何度か、富山県では、震災がれき受け入れ中止、または断念という決断が現実になるのでは、と思え

図10　がれき量変化データ

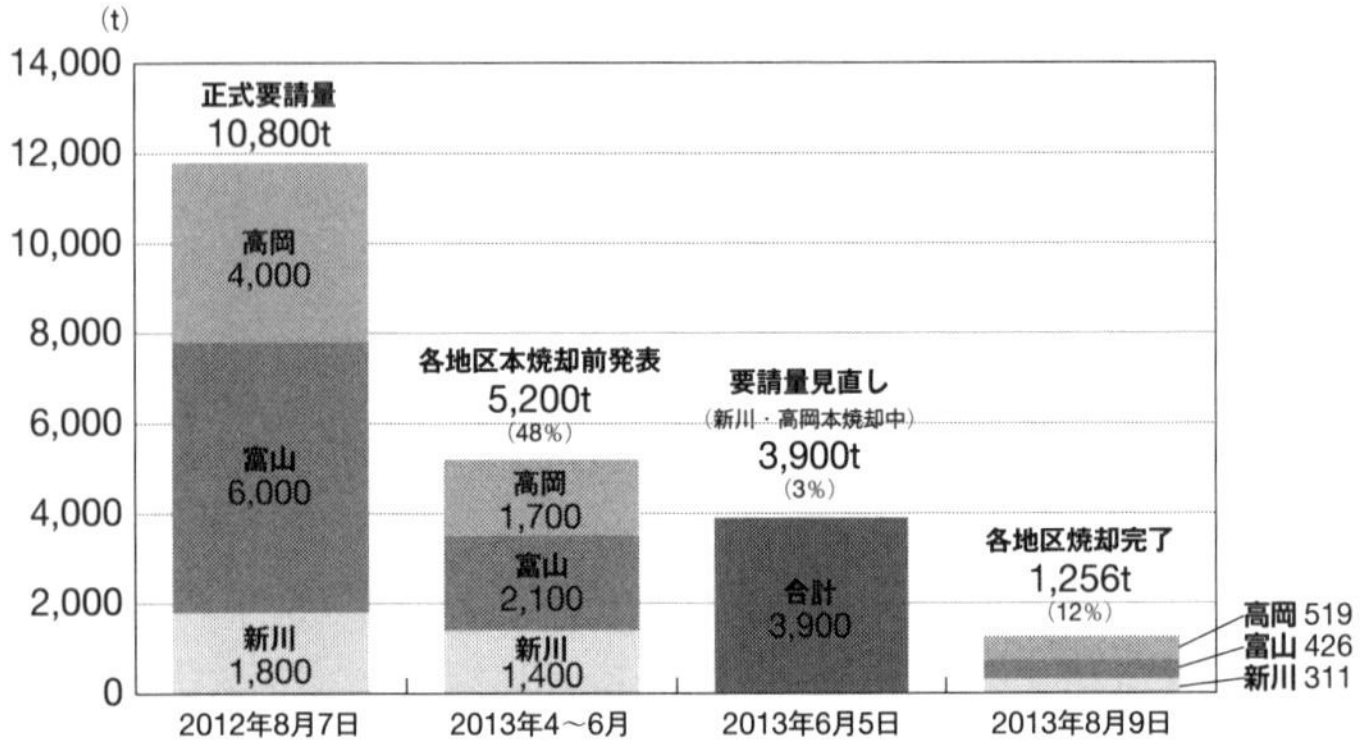

出典：『平成がれき騒動』（にいかわ未来、2014年5月）

たときもあった。しかし、震災がれきに放射性物質や有害物質が含まれていても、量が少なく広域処理の必要性がなくなっても、受け入れ方針は最後まで変更されることはなかった。

いやはっきり言えば、まず富山県に震災がれきを受け入れたい特別な理由があって、受け入れは予定通りに粛々と進むはずだった。ところが、想像以上の反対運動に遭遇して手間取り、手続きに時間を要しているうちに被災自治体での処理が進み、がれきの実数値が明らかになり、予定量のがれきがなくなってしまった。それにもかかわらず、当初の方針にしたがって本格受け入れを強行した、と私は考えている。

がれき受け入れに疑問の声広がる

二〇一一年三月一一日に発生した東日本大地震と津波につづいて、決して起きてはならないレベル7の福島第一原発の苛酷事故が起きてしまった。

富山では地震の揺れは小さかったが、原発事故は富山県内でも人ごとではなく、市民による主体的な活動は目に見えるかたちで始まった。県内で長年活動していた反原発団体と三・一一以後に誕生した団体が、共通の長期目標を掲げて会議を行い、脱原発パレードや北陸電力会社前のランチタイムアピールをくり広げた。

そうしたなか、二〇一一年夏に環境省が決定した震災がれき広域処理の方針は、市民に驚きと不安をもたらした。

「震災がれきが富山県内で焼却されるのだろうか」

その疑問は膨らみ、その年の一〇月一八日に「原子力政策の見直しを求める富山行動実行委員会」が富山県知事に提出した要望書の中に、震災がれき焼却禁止の項目を加えた。

県の担当課からは「県内でのがれき焼却はない」との回答があったが、「富山はやるかも」との疑念は拭えず、一二月中旬から子育て中の母親たちが中心となって「震災がれき受け入れ反対」のインターネット署名を開始した。

年明けの二〇一二年一月一七日、疑念は現実になった。

富山地区広域圏事務組合（理事長・森雅志富山市長）が、震災がれき処理を受け入れる方向で検討に入る、と発表したのである。

発表後、反対運動はさらに活発になった。

私は、受け入れ反対を表明していた八団体の活動をつなげて、全県的なキャンペーンの立ち上げを急いだ。

二月一四日、富山県民会館で「災害廃棄物の広域処理に関する研修会」が開かれた。富山県の主催である。私たちは、それに合わせて記者会見を行い、放射能汚染がれき受け入れに反対する「ノー・モア・放射能キャンペーン」の開始を発表した。

さらにこの日は、同研修会の会場前に五〇人ほどが集まり、メッセージボードと垂幕を掲げた。会場に入る県知事や県内自治体の廃棄物担当者に対し、反対をアピールするためである。

健全な民主主義の実践

行政側の動きは早かった。

三月九日、東京都内で「みんなの力でがれき処理プロジェクト」という取り組みの発起人会があった。環境省主導の事業で、がれきの広域処理に賛同する全国一七自治体の首長が参加している。富山市長はこれに発起人として参加した。

四月八、九日になると、富山県知事は岩手県山田町を訪問し、震災がれきの破砕・選別施設を視察した。その後、岩手県庁で岩手県知事と会い、広域処理の覚書を交わしている。

このような首長たちの動きに対し、「ノー・モア・放射能キャンペーン」は参加団体の地域性やメンバーの特性に応じた活動を展開していった。情報共有に努め、相互に力を補い合い、総合的に富山県全域で反対運動を盛り上げ世論形成をめざした。

リーフレットやチラシのポスティング、街頭アピール、署名集め、申入れ書および抗議文提出、県担当課との話し合い、議会陳情・請願、議会ロビー活動、住民説明会やタウンミーティングでの意見表明、集会、記者会見、住民監査請求、抗議行動、戸別訪問……。

変化する状況にあわせ、健全な民主主義の実践として可能なことは、すべて検討され実行に移された。加えてキャンペーン事務局が独自に力を注いだのは、参加団体をつなげる戦略会議の実施、メディア対策、全国ネットワークへの参加、現地調査、翻訳、および環境省交渉であった。

主権者の市民・住民が自治体に対し、正当に反対を主張し、共感の輪が拡大し、世論が醸成されれば、がれき受け入れは阻止できる。その思いでだれもがキャンペーン期間中は必死だった。

しかし二〇一二年一二月一五日、富山県内で初めての試験焼却が高岡市で実施された。その翌日、富山地区広域圏事務組合の立山町クリーンセンターで試験焼却が実施され（表5）、「ノー・モア・放射能キャンペーン」の敗北は決定的となった。

表5 「試験焼却」富山県内実施一覧

試験焼却実施者	高岡市　富山県	富山地区広域圏 事務組合　富山県	新川広域圏事務組合 富山県
試験焼却実施日	2012年12月15〜16日	2012年12月16〜17日	2013年1月23日
焼却場所	高岡市長慶寺 「環境クリーン工場」	立山町末三賀 「クリーンセンター」	朝日町三枚橋 「エコぽ~と」
埋立実施日	2012年12月20日	2012年12月18日（搬入） 19日（埋立完了）	2013年1月24日
埋立場所	高岡市手洗野不燃焼物 処理場	富山市山本一般廃棄物 最終処分場	魚津市下椿一般廃棄物 最終処分場
搬入がれき量	6.8トン	25.2トン	9.84トン
一緒に焼却した 一般ごみ量	140.48トン	969.7トン	138.32トン
がれき量：一般ごみ量 （比率）	1：21	1：38	1：14
岩手県での放射能濃度 サンプル測定結果 （単位：Bq/kg）	26（セシウム134/10、 セシウム137/16）	26（セシウム134/10、 セシウム137/16）	26（セシウム134/9.9、 セシウム137/16）
焼却灰の放射能濃度 （単位：Bq/kg）	12月15日（25）、 16日（30）	12月16日（1号炉26、2号炉16）、 17日（1号炉23、2号炉25）	35（セシウム134/11、 セシウム137/24）

参考：『平成がれき騒動』（にいかわ未来、2014年5月発行）

市民による現地調査が必要

富山の運動は、テレビや新聞にたびたび取り上げられた。

だが、環境省が巨額のお金をかけて全国で展開した広域処理の「絆キャンペーン」にはかなわなかった。山のごとく積まれた震災がれきの写真が有力新聞に掲載され、がれきが復興のさまたげになっているという喧伝は富山県内でも絶大な影響力があった。

そうしたなか、二〇一二年六月二九日に大ニュースは飛び込んできた。

環境省広域処理情報サイトで「岩手県の広域処理対象のがれきのうち、可燃物と木くずについて受け入れ先の見通しがたちました。ありがとうございました」という一文が公表されたのである。

この発表は、富山県のがれき受け入れにどのような影響を及ぼすのか。それを見極めるため、私たちは情報収集に力を入れた。

環境省や岩手県に電話して担当者にたずねた結果、岩手県からは「富山県はがれきをほしがっている」

との話を聞いた。環境省からは「富山県は最優先自治体で、（発表は）富山県での処理量を見込んだ上でのこと」との返答があった。

この発表後、全国では広域処理から撤退するとの声明を出した自治体もある。

ところが、高岡市長はその後の定例会見で「環境省さんがコメントを出された狙いというのはよくわかりませんが、メッセージが出たからといって何か変わることはないと思います」と述べた。震災がれきを受け入れなければならない特別な理由が富山県側にあるのではないか――。そう推測できる発言だった。

環境省が二〇一二年八月七日に発表した「災害廃棄物の処理工程表」によると、岩手県山田町の可燃系混合物一万八〇〇〇トンは、富山県の受け入れ調整量として割当てられていた。しかし、それより二ヵ月ほど前の五月二一日、岩手県知事は環境大臣に対し、広域処理に割り当てた山田町の可燃系混合物は八〇〇〇トンである、と報告している。二ヵ月ほどの間に、問題の可燃系混合物は一万トン近くも増量したことになる。

いったい、どういうわけだろうか。

その理由を富山県、山田町、環境省にたずねたが、説明は一致しない。肝心の可燃系混合物の数量さえ、山田町と環境省では数値が異なっていた。また、富山県が受け入れ対象とした「木くず」「可燃物」「可燃系混合物」という用語使用にも混乱があった。

どうしてこうなるのか。

山田町の震災がれきを見に行こう、との思いが大きくなった。それまで各自治体職員や議会関係者は山田町を視察し、一時間ほどの滞在で「安全を確認した」と豪語している。そうさせていたことを反省し、市民による独自調査が必要になったと考えたのである。

「山田町慰霊・がれき合同調査団」の派遣

二〇一二年八月二九日夜、富山を出発したバスは「山田町慰霊・がれき合同調査団」（以下、調査団）を乗せて、岩手県山田町に向かった。二泊三日のスケジュールで、調査団は県議会議員二名、市町議員二名、市民一〇名という構成である。

行政側が「災害廃棄物」と名づけ、私たち市民は「(放射能)汚染がれき」「災害がれき」「震災がれき」という。「がれき」とは、いったい、何なのであろうか。

震災で犠牲になられた方々の慰霊を調査団の目的に掲げたのは、がれきは犠牲者の「遺品」ではないか、との問いかけに答えるためにほかならない。目的地に到着すると「慰霊」は最優先され、調査団は山田町の「鎮魂と希望の鐘」に千羽鶴を捧げた。

その後、調査団は山田町役場での説明を受け、震災がれきの破砕・選別施設を視察した。山田町のがれきを受け入れている宮古市仮焼却施設も視察。翌日は岩手県廃棄物特別対策室の担当者からアスベストなどの有害災害廃棄物について、管理対策の説明を受けた。

調査団はこのとき、許可を得て、山田町のがれき二次仮置場から可燃系混合物を持ち帰っている。その放射性セシウム137・134の濃度は、合算で七八・三ベクレル(Bq/Kg)。富山県発表の数値(不検出、測定下限値二〇ベクレル)とは大きく異なっていた。

そのころ、富山県内では、がれきの試験焼却実施へ向け、刻々と事態が進んでいた。県議会の九月定例会も迫っていた。議会への働きかけを強めようと、調査団の報告書作成を急いだのもそのためである。

報告書では、現地調査を踏まえ、四つの提言(表6)を入れた。現地調査はこれまで富山県に伝えられた情報を正し、推進側に対抗する反論を作り出すために欠かせない役目を果たしたと思う。

調査団は現地の市民とも交流した。がれきを出す側の住民と受け入れる側の住民が分断していては、根源的な問題解決にはならないとの考えからだ。「三陸の海を放射能から守る岩手の会」に所属する市民と議員たちは、快く話し合いの場に参加してくれた。そのことも大きな成果だったと思う。

表6　提言4大項目

提言1：	がれきの広域処理は被災地の将来を担う子どもたちのためにもやってはいけない
提言2：	広域処理をやめて出る差額は、現地の労働者と住民の健康を守るために使われるべき
提言3：	広域処理を見直すべき、トップの面子を保つために推進してはいけない
提言4：	震災がれきは遺品、山田町で大切に埋めて津波記念公園にしよう

『山田町慰霊・がれき合同調査団報告書』(「ノー・モア・放射能キャンペーン@富山」事務局、2012年9月11日発行)より

「ノーモア放射能とやまネットワーク」の結成

二〇一二年一二月一六、一七日の両日、富山地区広域圏事務組合は、少量の震災がれきを大量の一般廃棄物と混合して焼却するという方法で試験焼却を実施した。「混ぜれば薄くなる」という発想は、今までの公害規制における濃度規制的な考え方と同じである。私たちが要望した総量規制や予防原則の考え方は、完全に拒否された。

一二月一八日、同組合は試験焼却で出た灰を埋立地に搬入しようとした。埋立地は富山市の山本地区。地元住民の八割が反対を表明するなかでの搬入だった。

このとき、住民らは灰を満載したトラックの前に立ち、非暴力で搬入をやめるよう訴えた。雪降る日の早朝から夕方まで、およそ一〇時間。トラックの前に人垣をつくって搬入を止めた。

彼らの果敢な行動に励まされ、あきらめずにがんばろうと思った人は少なくない。

そして年末、二〇名ほどが集まって再出発を決意

し、任意団体「ノーモア放射能とやまネットワーク」(以下、ノーモアネット)を結成した。ノーモアネットは六つのチーム(アクション、イベント、キャンペーンツール作成、法律・科学、放射能測定・データ管理、原発事故被害者支援)を車輪型に配置することで民主的な組織を維持し、各自の力を機能的に発揮できるように工夫した。

二〇一三年に入ると、行政側は本焼却を目前にちらつかせて手続きを加速させた。

高岡市では、試験焼却の結果説明会が一月二五日に、富山市では二月一七日に行われた。双方の会場は満席となり、質疑応答時には反対意見が相次いだ。三〇分の時間制限で質疑が打ち切りになり、怒号が飛び交うなか、説明会は強行閉会となった。こうして「住民理解を得た」という既成事実づくりが進んだ。

高岡市と富山地区広域圏が本格受け入れの正式決定をしたのは、各説明会の数日後のことだった。

これに対抗し、ノーモアネットは「市民による市民のための説明会」を高岡・新川・畠山の三ヵ所で実施した。

富山市で開いた二〇一三年二月一九日の市民説明会には、岩手県山田町の住民を迎えることができた。そこで語られたのは、「がれきは復興の妨げになっていない」という山田町民たちの声であり、未だに住む場所の確保さえできていない山田町の厳しい現状だった。

このころ、高岡市に住む女性たちは、がれき受け入れ反対を主張しながら被災地支援のあり方を問う活動を行っていた。

富山地区広域圏事務組合の焼却施設が建つ立山町で活動していた住民たちは、試験焼却後に発表された飛灰中の放射性セシウムの濃度から、四五%が行方不明で煙突から放出されたのではないか、との疑問を提示し、焼却の危険性を追及し続けていた。

許されない「刑事告訴」

「刑事告訴」のニュースが突如流れたのは、二〇一三年二月七日であった。

前年一二月、富山地区広域圏事務組合が実施した試験焼却。その灰を最終処分場へ搬入しようとした際、トラックの前に立ちふさがった住民ら十数人の行為が、威力業務妨害に当たるのだという。告訴したのは同組合。理事長は、富山市長である（二〇一四年三月に不起訴処分）。

しかし、草の根の市民たちは萎縮することなく、本焼却撤回を求める活動を粘り強くつづけた。

高岡市の試験焼却実施から五週遅れで試験焼却をした新川広域圏事務組合（以下、新川広域圏）は、三月に入ってから住民説明会を自治体ごとに合計七回実施した。最後の住民説明会が終って、新川広域圏が本焼却の正式決定を出したのは二〇一二年度末の三月二八日だった。

新川広域圏の決定を待っていたかのように、高岡市は四月一七日に岩手県、富山県と三者で基本協定書を締結し、その一〇日後から本焼却を開始した。続く新川広域圏は五月三一日、最後の富山地区広域圏は六月一八日に本焼却を始めている。

広域処理の必要性を問う

富山県内で本焼却が行われる前、驚くべき画像が送られてきた。二〇一三年二月初旬のことである。

画像の送り主は、岩手県宮古市の住民。山田町のがれき置場を写したもので、撮影は一月一九日だった。私は前年の八月、「山田町慰霊・がれき合同調査団」の一員として、現地で複数のがれきの山を確認している。ところが、画像を見ると、その同じ場所から、がれきの山がきれいになくなっていた。

私は急ぎ、山田町震災がれき破砕・選別施設の現場代理人だった人物に電話した。

同施設は奥村組の運営である。その東京本社に出向き、施設運営に関する要望書を提出した際に、彼と名刺交換していた。電話すると、私のことを覚えているという。そのためか、気軽に聞き取りに応じてくれた。

彼は「がれき処理の重点は津波堆積土とコンク

上は2012年8月30日撮影、右は2013年1月19日撮影。どちらも同じ場所、同じ方向で撮影。点線で囲んだがれきの山がなくなっている。

リートに移っていて、木質を中心とした可燃物は、もうほとんどない」と語った。

ちょうど、富山県で本焼却への準備がヤマ場を迎えていたころだ。

山田町から広域処理に出す震災がれきの量と質が大きく変化し、広域処理に出す分がないならば、富山県での広域処理は、必要性そのものがなくなる。そうであれば、関係首長にとっても、受け入れを見直す正当な理由づけとなり、撤退表明を出しやすくなるのではないか。私はそう考えた。

事実、岩手県の震災がれきを受け入れていた全国各地の自治体は、相次いで終息を発表していた。たとえば、静岡県は三月三一日、秋田市は四月一六日である。しかも、終息理由は、がれき量を見直した結果、量が減って岩手県内の施設だけで処理が可能になった、という内容だった。

しかし、高岡市にはまったく別の事情があった。

高岡地区広域圏事務組合（理事長・高橋正樹高岡市長）はごみ処理施設新設に関連し、循環社会形成推進交付金（復旧・復興枠）の交付決定通知（二〇一二年一二月五日付）を受取っていた。復興予算を財源とした交付金・交付税を得るためには、震災がれきの受け入れが必要だった。

この段階になると、広域処理反対運動は、放射能汚染の問題を追及するよりも、広域処理にともなう金の流れや広域処理の必要性を追及するほうが有効と判断していた。

実際、二〇一三年三月の富山県議会や高岡市議会、新川地区の魚津市議会などでは、がれき量を確認する質問が議員から相次いで出された。広域処理すべきがれきはほんとうに「ある」のか、「ない」のか、という質問だ。

また、市民からは請願書や陳情書、ロビー活動を通じ、復興資金流用問題が指摘され、広域処理の必要性を問う声が相次いだ。

富山県議会の三月定例会が終了すると、社民党議員団は岩手県に足を運び、山田町がれき仮置場を視察し、現場で聞取り調査を実施した。

それによると、実際に残っている可燃物の総量は、富山県公表の二万七〇〇〇トンに比べ、半分以下に減っていたことが判明した。富山県各地で開催された視察議員による報告会では、可燃物を含むがれきの山は大半が土砂であり、しかもその総量はあくまでも推計であることが報告された。精査すれば、まだまだ減る可能性が高い、というわけだ。

議員団の視察結果をもとに、新川地区では「広域処理、必要なし。ガレキはもうない?!」「被災地をダシに！　絆はどこへ　これでは火事事場泥棒も同然」とタイトルしたチラシを作成。四月末から最終処分場がある魚津市と焼却施設が建つ朝日町の全戸に配布した。

さらに、山田町長への直訴を目的に「富山田フレンドシップ隊」が結成され、岩手県に向かった。

富山県内受け入れ三地域を代表する三名の女性は二〇一三年四月二七日、山田町の佐藤信逸・山田町長と面談し、富山の現状を伝えた。さらに復興予算流用問題について町長の考えをたずねた。

町長の表情は終始硬く、話はかみ合わなかった。

その面談後、山田町で議会解散のリコール運動をしていたKさんに会った。Kさんはこう言って、嘆いた。

「今まで七四億円前後だった町の予算が、今回の大災害で突如として一〇倍の七四七億円になったので、町長たちの金銭感覚が一般市民からかけ離れてしまった」

環境省との〝特別な絆〟

山田町のがれきは、静岡県と富山県が受け入れ先だった。

広域処理を推進していた細野豪志環境大臣の選挙区は静岡県である。環境省との親密な関係において静岡県と富山県に共通点があり、双方が岩手県でつながっていた。

当時の環境省廃棄物リサイクル対策部の伊藤哲夫部長は、富山県氷見市出身で、高橋正樹高岡市長とは同じ高校の卒業だ。伊藤部長が二〇一二年八月に自然環境局長となったあとを受け継いだ梶原成元部長（高岡市出身）も同じ高校である。

また、森雅志富山市長は二〇一二年二月の定例記者会見において、伊藤部長と直接会って震災がれきについての話をした旨の発言をしている。彼は環境省「みんなの力でがれき処理プロジェクト」の発起人の一人だったことは、先述した通りである。

富山市は二〇一一年一二月、「環境未来都市」の選定を受けている。環境未来都市に選ばれた五都市（福岡県北九州市、神奈川県横浜市、富山県富山市、千葉県柏市、北海道町下川町）のうち北九州市、横浜市、富山市は、震災がれき広域処理に非常に積極的な都市だった。ここにも環境省との親密な関係を見ることができる。

富山市の説明会では、「絆で復興のお手伝いならば無料で震災がれきを受け入れたらいい」という市民からの発言があった。それには私も同感である。阪神淡路や中越地震での震災がれきの処理は、一トンあたり二・二万円といわれている。富山県内の場合、〝絆〟の美名を掲げた高岡市の処理費は一トンあたり一二万七〇〇〇円にも上る。加えて、高岡地区広域圏事務組合が新設したごみ処理施設（契約額七二億五〇〇〇万円）には、復興資金からおよそ七〇億円が拠出されたこともわかった。

富山県には環境省との「特別な絆」があり、それを利用して「資金」を得る方法が、震災がれきの受け入れだったのではないか。恥ずべきことだと思う。

よりよい未来のために

「原発の安全神話」が崩れ、その後に「放射能の安全神話」が急激に立ち上がってきた。そこに危険を感じて対抗する一人ひとりの力は小さいが、無力ではない。富山で繰り広げられた草の根市民運動は、そのことを証明したと思う。

放射能の二次拡散を止めるために立ち上がった人びとは、強固な官僚制に遭遇し日本の住民自治と民主主義が機能不全に陥っているという現実に直面した。しかし、あきらめることなく工夫を凝らした活動を行い、自分たちの声を行政・議会・メディアへ届けつづけた。

よりよい未来を希求する活動はまだまだつづいている。

一つは新川地区の人たちによる記録集『平成がれき騒動』の発行であり、もう一つは「とやま市民放射能測定室」の開設である。

さらにもう一つ、高岡市の復興予算流用問題を追及する動きは、全国的なネットワークに連なっている。

どれもが震災がれき広域処理の終了後に残った問題に対して市民が主体的に取り組んでいる活動である。

すべての人に与えられている社会的な力を取り戻さなければならないと思う。そのためには私たち一人ひとりが役割を果たさなければならない。時と場所は異なっていても、それぞれの持ち場での活動努力は次の人たちにつながっていくだろう。

私は富山での草の根市民運動をとおして、「井戸は枯れない」という言葉を思い出し、心を熱くしている。

手探りで始めた私たちの反対運動——永田雅信

地球みらいの会代表

愛知県の東三河地区でも

二〇一一年三月一一日、東日本を襲った大地震は巨大な津波被害と未曾有の原発事故を引き起こした。雪や寒波からも追い打ちを受けた被災地。震災直後の新聞報道はその状況を逐次伝えたが、東京電力福島第一原子力発電所四基の爆発事故が起きてからは、放射能汚染の深刻さを隠ぺいする方向にシフトしていった。

愛知県の東三河地区に住む私たちは、食料や衣類の不足など現地の日常生活に大変な困難が生じているとのニュースに接し、有志の市民グループが震災支援ネットをつくった。一〇トントラックに満杯の支援物資を送ったり、小型車をチャーターしたり。自分の乗用車で現地支援を行う人も出るなど、多くの市民が連帯して支援活動を展開した。

復興作業がつづくなか、早急な「がれき処理」が大きな問題になった。

「がれきの広域処理なくして復興なし」とする世論と政府・マスコミが連携し、一大キャンペーンが展開された。東京都は一番乗りで受け入れを表明し、作業が始まった。

「愛知でも受け入れがあるのではないか」との情報はあった。それでも、私も含め多くの市民は、「まさかここまでは来ないだろう」と思っていた。

情報や噂が錯綜していた二〇一二年三月二四日、大村知事は田原市など県下三カ所で焼却施設・最終処分場を整備する計画を正式発表した。しかも関係予算の執行は、知事の専決処理で行うという。

「手をこまねいている時間はない」

「何かしなければ取り返しのつかない大きな問題になってしまう」

そう思った数名のメンバーが集まって「地域みらいの会」を結成し、放射性物質や各種有害物で汚染されたがれきについて学習することにした。

結成から間もない四月一〇日、がれき処理の候補地と報道されたトヨタ自動車田原工場を訪ねた。処理場となる現場を見せてもらうためである。しかし、田原工場は何もわからないという。そのため、本社の総務に電話をつないでもらい、受け入れ状況を聞いたところ、こう言われた。

「トヨタではゼロエミッションの方針に基づき生産を行っており、田原工場にある処分施設は一度も稼働していません。また震災がれきを受け入れるどうか、聞いておりませんので現在わかりません」

マスコミの「田原工場も候補地」報道は、何だったのか。事実と違うのか。事実と違うことでも平気で「候補地」と言い切るのか。

私たちは複雑な気持ちで工場を後にした。

トヨタ自動車にも要望書を提出

全国各地でがれきの焼却処理が始まり、排煙や焼却灰から放射性物質が検出され、汚染への懸念は現実となった。それにともなって、地域の市民グループも活発に動きはじめた。

「地域みらいの会」も受け入れ阻止の運動をしなければ――。そう考え、動き始めた。

会はそもそも、がれき問題をなんとしても阻止したいという思いで結成された組織である。市民運動の経験などない普通の市民が集まっていた。何から手を付ければよいかもわからないまま、メンバーは走り出したのだ。

会の発足は四月三日。

四月一〇日にはトヨタ田原工場の現場を視察し、五月一日には田原市選出の山本浩史県議による仲介で知事への要請行動を実施した。五月七日には東三河広域協議会に要望書を提出した。

その間、産廃問題の講演会や震災がれき講演会を開き、「田原アースデー」の会場では署名活動にも取り組んだ。

矢継ぎ早の活動はその後もつづく。

放射能や放射線の学習会を開催し、田原市と同様、受け入れ候補地である知多市の学習会にも参加した。他地域の住民と連携を深めつつ、反対運動は広がっていく。トヨタ本社とトヨタカローラ田原店に対し、がれき処理を辞退するよう要望書も提出した。

八月一日には、田原市長、JA愛知みなみ、田原市医師会、田原市商工会、田原市青年会議所、田原地域コミュニティー協議会連合会、田原市青年会議所に対して、がれきの受け入れを拒否するよう要望書を提出した。

当時の東三河地域の状況がよくわかる内容なので、以下に紹介しておこう。

◉震災瓦礫広域処理に関する地元説明会開催について

新聞報道では大村愛知県知事は七月二八日鈴木田原市長に震災瓦礫処分場建設計画で八月末に地元説明会を開きたいと伝えたとされています。

鈴木市長は知事に「丁寧な説明をお願いしたいと」伝えたということです。これだけでは会談内容が非公開で具体的に「知事から何が話された」のか隠されたままになっていて住民軽視の秘密交渉と言われてもなむえないものです。

鈴木市長は知事に「丁寧な説明を求めた」とされていますが、瓦礫受入れ問題が表面化してから半年も経過しているにも関わらず基本情報が何一つ明らかにされていない事実は「明らかになっては困る」問題があることの証明でもあります。

大村知事は議会にも「丁寧な説明」もしないまま専決で六億円の関係予算を計上するなど、議会さえ軽視する姿勢は目に余るものがあります。

被災地の支援という大儀名目で広域処理が進められ、北九州市での処理も行われようとしていますが輸送費だけでも一トンあたり一七万五〇〇〇円にもなり「絆」名目の復興資金の無駄使いです。

震災瓦礫の危険性については放射性物質の問題だけで

なくアスベスト・有害化学物質の混入は避けられず、こうした危険物を全国各地に拡散させる広域処理は絶対に行ってはならないことです。

説明会開催は瓦礫受入れ準備作業の一環であり、反対意見など結果の如何に関わらず所定事業推進の口実にされてきた多くの事例があります。

全国有数な露地野菜生産地の安心ブランドを守り、田原産の安心な野菜を被災地に届けることが最大の支援にもなり絆です。

貴職におかれ「地域の現在と将来の安全・安心を見据え」愛知県知事に説明会開催を含め一連の瓦礫処理に関する協議や説明をきっぱりとお断りして頂くことを要望いたします。

そもそも、トヨタ田原工場の最終処分場は、自社の廃棄物のみを埋め立てる処分場として県に届け出たものだ。同社と県の公害防止協定もそれを前提に締結されている。

このため、八月一四日には田原市長に対して、公害防止協定を遵守し、震災がれきの受け入れ拒否を求める「要望書」を提出した。

この要望書からも田原市の状況がよく理解できると思う。

◉トヨタ自動車株式会社との公害防止協定を遵守し震災瓦礫受入れ拒否を求める要望書

トヨタ田原工場の最終処分場は自社の廃棄物のみを埋め立てる処分場として県に届け出ており、同社との公害防止協定もそれを前提に締結されている。

自社の廃棄物の処理のみとしていることは、環境負荷を増大させない重要な取り組みであり、住民との信頼関係の根本を成すものである。

田原市はこのことを重く受け止め、今回の愛知県による東日本大震災の災害廃棄物の不燃物をトヨタ田原工場の自社処分場に埋め立てる計画を決して認めてはなりません。

同災害廃棄物に含まれる放射性物質、とりわけ水に溶けやすい放射性セシウムの管理が極めて困難であり、また、想定される南海トラフ巨大地震で甚大な被害が

起こる恐れがあり、計画されている臨海部での埋め立ては極めて危険です。

何より、今回の災害廃棄物受入れには既に多くの市民、県民、そして愛知県漁連が強く反対の意思を示しています。

よって、田原市は、愛知県が計画する東日本大震災の災害廃棄物の不燃物埋め立て計画についての住民説明会開催を拒否するとともに、同計画を拒否すること。

以上要望します。

さらに、街頭に打って出て、広く市民に訴える行動が必要ではないかと思い、集会やデモ行進にも取り組んだ。

田原市でデモ行進が行われたのは初めてだったらしい。

デモに必要な警察署への届け出についても。経験者はだれもいなかった。デモも、心配しながら、それでも整然と行進した。

一回目のデモは八月一〇日、二回目は三日後の八月一七日、三回目は八月二四日、四回目は八月三一日。その後は、東京で行われていた首相官邸前の「金曜デモ」を田原市でも毎週やっていこうと計画し、九月から一一月まで毎月第四金曜日に行った。その最中、八月二三日に大村知事が「受け入れ断念」を表明し、がれき受け入れ問題は終結したのである。

目標を持って組織し、運動を広く展開

東三河地域のがれき反対運動は、「震災がれき」の問題点を自主的に勉強し、運動を組織し、そしてマスコミや議会に訴えて問題意識を広める形で展開された。市民運動などの経験が全くない一般市民であっても、それは十分可能であり、そうした試みがいかに大切であるかを学んだ。

市民運動はマスコミから流される情報を自分なりに理解して客観的に捉えなおすことが大切である。「継続は力なり」と言う。同時に、力量以上の能力を要する継続は「苦痛なり」でもある。

今後の課題は、がれき問題で取り組んだ組織と経

験をどう地域で活かしていくか、にある。

　このため「地域みらいの会」では、がれき問題の経験を活かして学習会を実施するなど、問題の本質を市民に問いかけて理解を広めていきたい。

浮上したのは「民主主義の機能不全」――石川和広

がれき反対運動は中心を持たない分散型のネットワークである。

　いくつかの要請行動があり、そのときどきに取りまとめ役はいた。それ以外にも、交渉への参加、行政への問い合わせ、ツイッターなどを使ったネット上での情報の収集や拡散などがあった。そうした行動のたび、それぞれに多数の市民が加わった。

　大阪は被災地から遠い。

　活動のバネになったのは、原発事故によって東北・関東から避難してきた方々の「放射能汚染への危機感」である。

　大阪のがれき反対運動は本音を好む大阪の風土を反映してもいた。受け入れを主導していた「橋下維新」とのたたかいという面もあり、騒然とした運動でもあった。

　その一方、地道な地方議会や自治体行政、環境省の地方事務所などへの働きかけが繰り返されたことはあまり知られていないと思う。

　また運動のなかで、数名が微罪や不可解な容疑で逮捕される、という経過もたどっている。これに対しては、大勢の憲法学者が「逮捕は政治的な表現の自由の萎縮を招き、不当だ」と強く抗議した。幾人かの市民は嫌疑を晴らすことができたものの、今もなお、裁判闘争をつづけている方がいる。

　大阪は近畿圏最大の電力消費地である。関西電力の本社もある。反原発・反放射能拡散や政府の方針に異を唱える行動に対し、治安側からのプレッシャーは極めて大きい。

じつは、問題は何一つ解決していない。

私自身はブログやツイッターを使い、大阪のがれき問題だけでなく、放射性廃棄物や原発反対といった全国的な問題も取り上げ、考察し、議論し、活動にも是々非々で参加してきた。元々は詩を書いたり障害福祉分野について考えたりしていたが、「放射能汚染も命の問題だ」と考えてきた。

大阪のがれき騒動を総括しながら、「これから」を考えてみたい。

主役は知事・市長の橋下徹氏

東日本大震災の発生当時、大阪府知事は橋下徹氏だった。大阪府の公式報告によると、大震災翌月の二〇一一年四月には環境省の要請に応じ、大阪府は自ら国に対し、災害廃棄物の広域処理について受け入れてもよい、とする提案を行っている。

これは環境省のマスタープラン作成よりも、同年八月に岩手県が策定した災害廃棄物処理詳細計画よりも、そして国会での災害廃棄物関連特措法の制定よりも早い。著しく早い動きである。

市民がまったく知らない間に、受け入れ準備は始まっていた。

その後、放射能汚染への懸念が全国に拡大した。それに対抗するように、国や国に関係する機関、専門家は「一〇〇ミリシーベルト以下は発がん影響は無視してよいほど小さい」などと広報していく。人びとは、その情報を信じる人、反発して抵抗する人、関心自体を遮断する人の三者に分かれた。その混乱の中で、国は事故以前の基準の八〇倍に達する八〇〇〇ベクレル（Bq／kg）以下の放射性物質を含む廃棄物をすべて「一般ごみ」とする恐るべき特措法を施行した。

さすがに八〇〇〇ベクレル基準は受け入れがたいと見越し、橋下府政は独自の専門家検討会議をつくって、災害廃棄物受け入れ指針の策定に向かうことになる。

そうした情報をインターネットで知った私は「何かおかしい」と思い、傍聴に参加するようになった。

たしか、第六回の検討会議だった。

多くの市民やマスコミも見守る中、被ばくの基準の議論が進んだ。

「一ミリシーベルト以下は大丈夫」という前提で線量計算が行われ、役人が計算結果を読み上げ、たんたんと質疑が行われる。質疑といっても、専門家は「この程度であれば心配ない」という感じである。

これがいわゆる「お墨付きをもらうための審議会か」と唖然とした。

とにかく基準を満たしていれば問題ないという姿勢だ。未曾有の原発事故を前にして信じがたい内容だった。傍聴に訪れた多くの市民は既に独自に学習し、被ばくに安全といえる「閾値」はないことを知っていた。内部被ばくについて警鐘を鳴らす専門家がいて、「汚染を希釈拡散するのはよくない」と主張するのも知っていた。

しかし、粛々と会議は進む。

委員には東日本大震災以前から原子力行政の委員を歴任している人々が複数いた。彼らは事故に対する責任を感じるべき立場だ、と思ったが、取り立てて自身の立ち位置を疑うこともなく、被ばくについて深く考え直す様子もなかった。

傍聴席からはたまりかねて「被ばくを（子どもたちに）強要しないで」「被ばくをしたら誰が責任をとるのか大阪府は答えてください」「西日本を守ってください」という声が次々に上がった。

そのたびに専門家会議の山本孝夫座長（大阪大学）は「規則で不規則発言は禁じられています」「発言をする方に退席を命じます」と言い切った。大阪府の職員は遠慮がちに静かにするよう促す。

なぜこの専門家が安全基準を決めることができるのか。

この政策がほんとうに被災地の支援のためになっているのか。

そういった疑問については、一切議題にならない。私も「行政はなぜ声を聴かないのか」と首をかしげた。近くにいた府職員をつかまえて「あの専門家の対応はまずいのではないか」というようなことを言った記憶がある。

そうこうするうちに市民の怒りがさらに大きくなった。

すると、座長はなんと、会議を途中で打ち切って退席してしまった。そしてこの回以降、傍聴者は会議室に入れなくなり、テレビで会議を視聴させられることになった。

大阪府下で市民の反対、強まる

その後、大阪府の資源循環課と市民との折衝が検討会議の開催ごとに行われ、それにともなって市民間の交流も活発になった。

反対派の市民は、子どものいる母親、自営業者、科学者、避難者などさまざまだ。八〇〇キロも離れた岩手県からがれきが運ばれ、大阪府で処理されることに多くの市民が異様な感じを覚え、放射能汚染への不安や心配を募らせ、止むに止まれぬ思いで集まってきた人たちである。

先述した第六回検討会議の後に行われた折衝では、反原発で有名な京都大学原子炉実験所の「熊取六人衆」の一人、海老澤徹元助教授が参加していた。

海老澤氏は「低線量が必ずしも安全とは言い切れないし、被ばく影響があるという報告がある。が、検討会議の専門家は安全だという前提に立っており、その影響を心配する市民の不安にこたえていない」とネットメディアＩＷＪのインタビューに答えていた。

海老澤氏だけではない。

その後、日本環境学会元会長の畑明郎氏、分子生物学者の大和田幸嗣氏、元京大教授の石田紀郎氏、明治学院大学教授の熊本一規氏、琉球大学名誉教授の矢ヶ崎克馬氏なども続々と大阪市などに焼却をやめるよう申し入れ書や陳情などを提出したり会見を開いたりしている。環境学や放射線のそうそうたる専門家が大阪市のがれき受け入れ問題で活躍したのである。

大震災から一年半で、がれき受け入れに関する府民から府当局への意見は二万件以上に及んだ。ほとんどが反対である。府民は、自分たちの住む市町村にも働きかけ、行政を説得した。

そうした結果は、市町村の態度に反映されている。府の専門家会議が「がれき一〇〇ベクレル、焼却灰二〇〇〇ベクレル」という受け入れ指針を策定しても、実際に受け入れようとする市町村はなかった。それどころか、守口市、茨木市、箕面市はメディアなどに対し、「市民の不安にこたえるだけの根拠がない」と公言するようになってきた。

こうした動きによって、橋下知事と日本政府との間で進められた広域処理は、唯一の例外を除いてとん挫した。

例外となったのは、大阪市である。

「例外」の大阪市で計画進む

二〇一一年秋、橋下氏は大阪府知事を辞職し、大阪市長選挙に出馬した。そして、受け入れに慎重な平松邦夫大阪市長を破り当選。市長とのダブル選挙になった大阪府知事選では、同じ大阪維新の会の松井一郎氏が当選した。

そうした結果、大阪市だけががれき広域処理にまい進していく。

大阪府の専門家検討会議が始まったころから、府下では、「放射能を測り、安全を求める北摂市民の会」や「おかとんの原発いらん宣言」による申し入れ行動などが続いていた。さらにダブル選挙の後、複数の人びとが大阪市のがれき受け入れに対抗する運動を立ち上げた。

大阪市の関電本社前で反原発運動を展開していた「関電包囲行動」も、のちにがれき反対運動に参加する。避難者支援を行う数多くの運動も立ち上がった。

阪南大学の下地真樹准教授による市民勉強会は二〇一一年末以降、大阪府や近畿各地域で開かれた。

二〇一二年の初頭には、廃棄物の海面埋め立てを実施すると、水溶性のセシウムが溶けだす恐れがあるとして、ＩＷＪなどの市民メディアも追及を始めた。

　こうした数々の運動をすべて説明することは紙幅の関係上、むずかしい。したがって、私が参加した範囲で以下、説明をつづけたい。

「反対」貫けぬ地方議員

　二〇一二年初頭から、私は反対運動で知り合った人たちといっしょに、大阪府議会議員を訪ね歩いた。議員回りをしたことがない市民がアポイントを取り、資料をつくり、受け入れを見直すようお願いしていく。政治参加の経験がほとんどない自分たちでも議員回りができる。これは大きな自信になった。

　この過程では、見えない巨大な力によって議員は動かされている、ということもよくわかった。

　個々の議員には、受け入れに慎重な人もいた。市民主催の勉強会に参加している人もいた。それでも、がれきの受け入れは大阪府議会で通ってしまう。

　議員個人がいかに反対意見をもっていても、会派全体の意向に逆らえない、あるいは逆らわない。大阪府としての組織的な意志に逆らえない、あるいは国政政党の意志には逆らえない。

　だから地方議員が反対を貫くためには、議員個人の問題意識の深さ、議員を突き動かす市民の意志の強さと問題意識の深さが必要だ。

　とくにがれきの広域処理は、多額の復興予算の分配を目的としており、原子力と放射能の安全神話も働いている。そうであれば、何党であっても反対は極めて困難であろう。

　また、府民やマスコミの間でも、「がれきは安全か否か」「被災地支援になるのかどうか」といった多様な見解が存在した。被災地に行き、広域処理の必要性を訴える在阪マスコミもあった。

　一方で、橋下市長という「スター政治家」の発言はどんどんマスコミに流される。

　そうした事情から、がれき反対運動は「賛成論への反論」というかたちを取りながら、自治体や国、市民社会の姿勢を問いただすかたちへ変化していった、といえる。

大阪市議会には維新に対抗する会派として、自民党市議団、OSAKAみらい（民主党市議団）、共産党市議団があり、それぞれが受け入れ反対の論陣を張った。いずれの政党・会派も国政レベルでは、広域処理に反対ではない。さらに、民主党は当時政権与党であった。ゆえに、それらの会派はよく反対したといえるし、がれき反対の声は、「橋下維新」との対立という色合いを深めていく。

私は仲間とともに議員回りをつづけ、なるべく忌憚なく意見するようにした。そうしないと、市民の意志は貫けないと思ったからだ。

橋下「市長」、ついに受け入れ表明

二〇一二年三月、橋下市長は、府下で唯一、一八万トンの瓦礫受け入れを表明した。

市民の抗議が強まる中、市議会で侃々諤々の議論がつづいた。

「受け入れがほんとうに復興に資するのか」という論点を議員も共有し、「北港の海面埋め立ては危険ではないか」「大阪市が避難者支援をすることこそ支援ではないか」「瓦礫は燃やしたり運んだりするのではなく防潮林や震災慰霊公園に活かすのがよいのではないか」という質疑が市議会で行われた。

これらはのちに「放射性物質など有害物質を含んだ可燃性災害廃棄物処理に対する意見書」「『原発事故子ども・被災者支援法』に基づく具体的施策の早期実施を求める意見書」としてまとめられ、市議会で採択された。大阪市議会に対しては、最終的に一三〇〇以上の陳情が集まった。採択はその成果だったと言えよう。

それでも受け入れの動きは止まらない。

二〇一二年の初夏になると、近畿圏全体の廃棄物焼却灰受け入れ処分場であるフェニックス（大阪湾広域臨海環境整備センター）での受け入れ議論が本格化した。京都に細野豪志環境大臣（当時）が来ると、大阪だけでなく京都、滋賀、兵庫三県の市民らによる受け入れ反対運動が本格化していく。

フェニックス側も受け入れに苦慮するようになっ

た。水に溶けやすい放射性セシウムを含む焼却灰の受け入れは技術的にも困難であり、フェニックスが各自治体と結ぶ協定も書きかえが必要になる。結局、書きかえを要する自治体は三桁を超え、フェニックスでの処理は不可能となった。

被災地のがれきの量も環境省の見直しによって激減した。橋下市長が最初に受け入れを表明した三月からわずか数ヵ月で、がれき量は五分の一に激減したのである。広域処理の必要性そのものに疑問符が付いたのも当然だったと言えよう。

しかし、橋下市長は二〇一二年六月、環境省の助言(評価書)を盾にフェニックスと同様の臨海埋立施設である北港であれば埋め立ては可能として、「一一月の試験焼却」「三万六〇〇〇トンの受け入れ」を表明した。焼却炉は大阪市此花区にある大阪市環境局舞洲工場を使うという。海外の芸術家の設計した独特なデザインの焼却炉だ。

埋立地はその先の夢洲である。

此花区は戦前から日立や住友の工場が並ぶ重工業地帯として栄えてきた。

戦前・戦中は兵器工場が並び、大空襲の際に爆撃の標的にされた。戦後も関電火力など重工業が集中し、高度成長期には臨海の埋め立てが進み、道路と工場から排出される公害が深刻な問題になった。

隣の西淀川区も公害地帯である。

私は二〇一二年夏、「あおぞら財団付属　西淀川・公害と環境資料館」を訪ね、この地域には深刻な被害と長い裁判闘争があったことを知った。重厚長大型経済の零落とともに地域の経済力は低下したとはいえ、此花区には今でも、重金属による土壌汚染や正連寺川のダイオキシン汚染など公害の爪痕が残っている。

そうした地域に、舞洲の清掃工場のほか、スラッジプラント、PCB処理施設などの汚染処理施設も誘致されてきた。一方ではユニバーサル・スタジオ・ジャパンなどの観光施設もある。湾岸エリアにはマンション群も建設された。新規の住民が増え、昔からの土地の人も地域の強い結束を保つ。そんな地域である。

「不可解」続き、逮捕者も

此花区において、避難者と大阪市民は「受け入れ反対」の署名運動を展開した。

街頭に立ちつづける困難は大きかった。公害等の問題を経験した地域特有のむずかしさがあった。それでも二〇一二年の七月末には三八〇〇筆余りの署名を集め、反対運動は地域の理解も得つつあった。この署名は最終的に六〇〇〇筆以上に上った。

反対派住民らは此花区でも数回、住民との学習会を開いた。

橋下市長も加わった住民説明会でも、反対派の抗議や地元市民の真摯な疑問が投げかけられた。この説明会は数分の遅刻で中に入れないなどの問題を引き起こしたことも付け加えておく。

大阪市の中央公会堂では、大阪市民全体を対象とした大きな説明会も開催された。この時は手荷物検査や身分証明書確認などがあったほか、多数の警察官を配備。その過剰警備の中、会場では阪南大学准教授の下地氏をはじめ、多くの市民が鋭い質問を投げかけている。

対する橋下市長らは憮然とした表情で、説明会を打ち切った。

このとき、質問に立った阪南大学准教授の下地氏や複数の市民らが説明会のありかたに強く抗議したところ、のちに市民数名が極めて不可解な理由で逮捕されてしまった。

ＪＲ大阪駅の通路近くで街頭宣伝活動をしたあと、構内を通行のために通過しただけで「ＪＲ西日本構内でデモを行った」とされて不退去罪、威力業務妨害罪の容疑で逮捕されたのである。しかも現行犯ではなかった。夏の説明会が終わり、此花区での一斉逮捕の、さらにその後であった。

もちろん、当人たちは駅構内でデモ行進をしたわけではなく、ただ歩いていただけである。ＪＲ大阪駅の通路付近は「パブリックスペース」であり、政治的な表現活動が制限される理由はない。それなのに、周辺で街宣したり駅構内を通過したりするだけで、逮捕されてしまうという恐ろしいことが現実に起きてしまったのである。

この事態に対し、弁護士や七〇名の憲法学者が抗議し、それもあって下地氏らは不起訴となった。一名は今も裁判をたたかっている。

市役所前での抗議活動も夏以降継続して行われた。夏以降、此花区の一連での説明会でも抗議はつづいた。

それに比例するかのように、府職員や市職員、機動隊、公安の警備は強化され、異様な状態になっていく。

そして、試験焼却が行われる直前の一一月、此花区内の説明会で、会場の此花区民ホール内にいた四名の反対派が逮捕された。

会場に向かっている最中だった私は、「逮捕」を聞き、足元が震えた。

ほんとうに恐ろしいことが起きている、と思った。

これについても複数の弁護士たちが政治的な表現の自由を確保し、早期に釈放するよう声明を出し、また憲法学者たちも長期の拘留は人権上不当であるとして声明を出した。ここでも彼らは嫌疑を晴らすためたたかいをつづけている。

「逮捕」だけが不可解なのではない。

大阪府での受け入れに要する予算は約一六億円。その半分の約八億円が現地からの運搬費だという。

どう考えても、現地での処理が安価であり、岩手県内のがれき処理は進む。

実際、他県は受け入れの予定を切り上げ、あちこちで受け入れは終わっていく。そのなかで大阪市の受け入れ予定は変わらない。

私は説明会会場周辺にいた、ある新聞記者にこれらを問いかけたが、「個人として思うことはあるが記事にするのは難しい」と言われた。

この間、受け入れの必要性や手続きの適法性を問う住民監査請求も行われたが、門前払いされ、受け入れは事実上、実行段階に入った。

民主主義の機能不全

二〇一三年二月、本焼却は始まった。

その直前には、大阪維新の会の井戸正利・大阪市議が、がれき反対の審査済みの陳情書をごみ箱に捨て、その写真を自身のブログに掲載するというとんでもない事件もあった。この行為は新聞でも報道された。市民の請願権を愚弄する以外の何物でもなかった。

本焼却の結果、三万六〇〇〇トンの予定は、二分の一以下の一万五三〇〇トンですんだ。期間も七ヵ月で終了した。多大な犠牲と混乱を生んだ、大阪市での受け入れ。その意味は何だったか、疑問に思わざるをえない。

橋下市長はその後、焼却灰を埋め立てた夢洲を舞台として、メガソーラー立地やカジノ誘致などを次々にぶち上げている。使用済み核燃料や米軍の輸送機オスプレイを受け入れたい、という発言も繰り返した。

一方、市民の側は、健康影響があったかどうかの検証を行政が全く行わない中、大阪府市を相手取ったがれき受け入れに反対する訴訟を続けている。警察の逮捕に対する抵抗運動も続いている。

大震災後、全国各地で明らかになった民主主義の機能不全、大阪の地でもそれは現実になっている。

二つの〝震災がれき〟訴訟——本多真紀子

大阪のがれき受け入れ反対運動に参加してからさほど日が過ぎていない二〇一二年夏、一人で岩手県の宮古運動公園二次仮置場を訪れた。それ以来、何度も岩手県の被災地などに通ううち、現地で友人・知人が少しずつ増えていった。そのなかには、岩手県が民間企業に委託した測量による震災がれきの見積もり量があまりに過大であったとして、県を相手取って訴訟を起こした人たちもいる。こうした人たちと、遠く離れた大阪の私たちが手を結んで不正とたたかおうという試みは、もどかしいほどはかどらない。それでも歩みはゆっくりとたゆまずつづいている。

ここでは、たゆまず進む試みのうち、大阪での二つの訴訟について記しておこう。

「大阪放射能ガレキ広域処理差し止め裁判」

大阪市は岩手県宮古地区のがれき(木くず等の可燃物)計約一万五三〇〇トンを受け入れた。二〇一二年一一月に試験焼却を行い、二〇一三年一月二三日〜九月一〇日、市環境局舞(まい)洲(しま)工場と北港処分地で処理を行った。これに対する訴訟が「大阪放射能ガレキ広域処理差し止め裁判」である。

大阪市の本格処理が始まった二〇一三年一月二三日、大阪府・大阪市を被告として大阪地方裁判所に提訴。原告は約三〇〇名を数え、弁護団は五人の弁護士で構成される大規模なものだ。

原告団は「がれき広域処理事業は原告らの人格権・環境権を侵害するものであり、違法だ」と主張した。また、この事業の推進によって原告らの生命・身体に現実に害悪をおよぼす蓋然性があり、これら不法行為により原告らの受ける精神的損害は甚大で、精神的慰謝料としてそれぞれ一〇万円の支払いと、事業の差し止めを求めた。がれき広域処理はすでに終了しているが、損害賠償をめぐる裁判は二〇一五年一月現在も継続中だ。

原告団は、シンポジウムや講演・学習会を何度か開き、専門家の話を聞いた。さらに滋賀県高島放射能汚染チップ不法投棄問題、岩手県「春を呼ぶ会」の活動への支援も呼びかけるなどしてきた。シンポジウムを機に「放射能いらん！　関西市民連絡会」が結成され、大阪市との直接交渉やほかの市民運動との連携を試みている。

原告団の事務局によれば、放射性廃棄物の焼却による被害の確実な証拠を捕捉することは困難な状況だ。しかし、このようなずさんかつ危険な処理により、汚染と被ばくが拡散されることを許さない市民のたたかいを継続してつくり出していきたい、との意志は強い。とくに、内部被ばく問題のほか、海面埋め立て処理の問題点なども鮮明にしていきたい、という。

がれき広域処理の被害を訴える、全国でも貴重な裁判である。

「堺市震災復興資金返還要求訴訟」

大阪にはもう一つ、「堺市震災復興資金返還要求訴訟」がある。この訴訟では、筆者自身が原告団の代表を務めており、少しくわしく説明しておきたい。

大阪府堺市は、がれき広域処理に関与しなかったにもかかわらず、震災復興予算から約八六億円の交付を受けた。この問題については、関西のマスコミも注目して報道したので、ご存じの方もいると思う。交付の内訳は、循環型社会形成推進交付金(復旧・復興枠)が約四〇億円、これにともなう震災復興特別交付税が約四六億円である。

この復旧・復興枠を使った交付金は、廃棄物処理施設が震災によって被害を受けた被災自治体に対して交付されただけではない。がれきの広域処理を促進するためだとして、全国の市町村やこれらが集まってつくる事務組合にもばらまかれた。交付方針を定めた環境省の通知(平成二四年三月一五日付、環廃対発一二〇三一五〇〇一号)によると、交付の対象になる事業は、以下のように規定されている。

一　**特定被災地方公共団体**である**県内の市町村等**が**実施する事業**(浄化槽事業を除く。)。

二　**市町村等が実施する事業**(一の事業を除く)のうち、**諸条件が整えば災害廃棄物の受入れが可能**と考えられる**処理施設の整備事業**。また、竣工時期の問題で、**現在整備中の処理施設**では**災害廃棄物を直接受け入れ**ることは**難しい**ものの、他の既存施設で受け入れたことにより、その**既存施設**で**処理する予定**であった**廃棄物を処理**することとなる**可能性**がある**当該整備中**の**処**

理施設の整備事業（浄化槽関係事業〔中略〕など、災害廃棄物の広域処理とは関係のない事業を除く。）。

堺市は、新設・改修工事を進めていた二つのごみ焼却施設（クリーンセンター臨海工場と東工場第二工場）が、環境省通知「二」の傍線部にそれぞれ該当するとして、交付を受けたのである。

この通知自体がひどい内容だ。

「諸条件が整えば」がれきの受け入れが「可能」と考えられるだけで、何億円という交付金を、被災もしていない全国の自治体に対し、復興予算の中からばらまくことができるのだ。納税者が「被災地・被災者の役に立つなら」と我慢している復興増税などが財源であるというのに。

通知には、さらに次のような文が続く。

なお、受入条件の検討や被災地とのマッチングを実施したものの、結果として災害廃棄物を受け入れることができなかった場合であっても、交付金の返還が生じるものではありません。

交付金のばらまきを図った噴飯ものの文言である。

しかし、じつは、堺市はこの返還不要の条件にすら当てはまらない。市当局内部では、担当課がいったん、「受入条件の検討」を行ったものの、がれきが放射能汚染されているという報道がなされると、検討を白紙に戻したと見られる。

そして、がれき受け入れの可否は堺市議会などの場で論争の的になり、その論争が決着する前に、環境省は新規の自治体ががれきを受け入れる必要はない、と決定したのだ。受け入れを「可」と決定していない堺市が、あらためて有効な「受入条件の検討」をできるはずもない。

廃棄物処理施設の新設や改修は、国の予算から手当てされるのが当然だ。それなのに、なぜ震災復興特別会計からなのか。本来は、国の一般会計から交付されるはずのものを、環境省が予算折衝でその財源を確保し損なった、と見るのが妥当だろう。震災復興特別会計は丼勘定だから、そちらから取っておけ、とでも財務省に言われたのだろうか。

いずれにしても、堺市は正々堂々ともらえるはずの交付金・交付税を、不正にも復興特別会計から押しつけられるはめになったのである。

あなたの住む自治体は？

私たち堺市民は、二〇一四年三月一八日に住民監査請求を行った。これが棄却されると、同年六月一三日に住民訴訟を大阪地方裁判所に提起した。提訴の趣旨は、この交付金・交付税の受領は違法になされたものであるから、堺市長はこれを国庫に返納したうえで、その相当額の損害賠償請求を市長竹山修身氏自身に対して行え、という内容である。原告は筆者を含む六名で、二人の弁護士が代理人となっている。

原告の一部は住民監査請求の以前から、岩手・福島両県の人びとと共同して、堺市議会に対する陳情書を議会開催ごとに三回提出した。被災三県からは市議会に宛てて実情を訴える手紙が何通も届き、また、交付金等の返還を要請する署名を集めて送って来られた方もあった。

しかし大半の市議会議員は「様子見」を決め込んでいる。

ここまで読まれた読者にうかがいたい。あなたの住む市町村は、この不正な交付金・交付税を受け取っていないだろうか。答えは参議院ホームページにある。「質問主意書」の第一八五回国会・提出番号二〇(山本太郎議員)、第一八六回国会・提出番号一二三(吉田忠智議員)の質問本文と答弁本文を見れば、受領市町村等のリストが見つかるのだ。

もし、あなたが住む自治体の名前を発見したら、どうしますか？

東北から九州へ運ばれた震災がれき――脇 義重

がれき問題を考える会・福岡

放射性物質を帯びた震災がれきの受け入れ問題は、東北から遠く離れた九州の地でも大問題になった。最終的に焼却を実施したのは、福岡県北九州市。宮城県石巻市から二万トンを超す震災がれきが焼却され、放射性物質を拡散させ、そして玄界灘につづく響灘の近くで埋め立てられてしまったのである。

まず、福岡市で動き始めた

北九州市が初めて、受け入れ検討を表明したのは、二〇一一年六月だった。岩手県釜石市長からの要請に応えるため、とされた。

新聞報道などによると、その前後、九州ではあちこちの自治体で「受け入れ検討」がつづいた。福岡県豊前市、大分県の別府市、大分市、国東市、豊後大野市、熊本県の水俣市、長崎県の大村市……。佐賀県や宮崎県の自治体でも「検討」は行われた。

これらの自治体はその後、放射性物質の影響を懸念する市民の反対などによって、相次いで撤退していく。そのなかで、積極姿勢を長く崩さなかった自治体に福岡市と北九州市がある。

二〇一二年三月、東日本大震災から一年となるこの月、福岡市での動きは慌ただしさを増した。市議会三月定例会の最終日となる二七日、受け入れをうながす決議案が上程される見通しになったからである。放射性物質を帯びたがれきを福岡市で受け入れ、焼却・埋め立て処分するという内容で、自民党などの会派が決議案を出すという。

福岡市は廃棄物処理に関して、従来、廃棄物を雨水と空気に接触させるという、独自の「福岡方式」を採り入れてきた。地中に染みだした汚水を浄化し、博多湾に放流する仕組みである。そのため、震災がれきの焼却灰を「福岡方式」で埋め立てた場合、浄化で除去できない放射性物質が博多湾に流出するおそれがあった。

福岡市の動きに対し、「フクオカ住民投票の会」はすぐに反応した。議会最終日の前、各議員に「放射性物質を帯びた『がれき』の福岡市内受け入れ促進決議を提案・採択しないでください」と申し入れたのである。

この会はもともと、「大事なコトは市民が決める！」を掲げ、九州電力と福岡市が、玄海原発（佐賀県）の発電と再稼働について「安全協定」を結ぶことなどに関して福岡市が住民投票を実施することを目指して活動していた。立ち上げたのは二〇一一年八月。メンバーは福岡市民、福岡市議会議員や弁護士、など約二〇人で構成されていた。

市議会議員への申し入れは、どんなことを求めていたのだろうか。当時の資料からポイントをいくつか記しておこう。

◉広域処理は放射性物質の管理原則に違反

放射性物質は「**封じ込め**」「**拡散**させない」が**原則**。**震災前**は**国際基準**に**基**づいて、**放射性**セシウム**濃度**が一キロあたり**一〇〇**ベクレルを**越える場合**は、**特別**な**管理下**に**置**かれ、**低**レベル**放射性廃棄物処分場**で**厳格**に**封**じ**込**めてきた。

震災後、**福島県内**だけの**基準**として**出**された**一**キロ**当**たり**八〇〇〇**ベクレル（従来基準の八〇倍）を、**十分**な**説明**も**根拠**も**明示**しないまま、**広域処理**の**基準**に**転用**した。

◉焼却処分に「**安全**」**濃度基準**が**示**されていない

「**一**キロ**当**たり**八〇〇〇**ベクレル」はあくまで、**埋**め**立**て**時**の**適用基準**。この**基準**をも**超**える**放射性物質**を**帯**びた「がれき」が**持**ち**込**まれ、**焼却**、**埋**め**立**てされる**恐**れがある。しかも、**焼却**によって**汚染**は**濃縮**される。**焼却施設**から**放射性物質**が**空中**に**飛散**し**降灰**する**危険**、**焼却灰**の**埋**め**立**てによる**水系**、**博多湾**の**汚染**につながる**危険**がある。**実際**、**群馬県伊勢崎市**では、**焼却灰埋立地**から**放射性**セシウムが**水**に**溶**け**出**し、**排**

水基準値を**超**えた**事件**が**発生**した。

◉放射性物質を**帯**びた**震災**がれきの**処理責任**は**国**と**電力会社**に

原発の**開発・推進**とその**事故**、**放射性核物質**を**含**む「がれき」を**発生**させた**責任**のすべては、**国**と**電力会社**にある。**原発事故**は**人災**であり、**広域処理**は**放射性核物質**の**拡散**だ。**責任**がない**福岡市民**を**被曝**の**危険**に**晒**すことは**避**けるべきだ。そもそも**福岡県内自治体**の**焼却施設**は、**放射性物質**を**焼却処理**するように**設計**されていない。**規格外**で**焼却**した**場合**、**煙突**や**壁**の**隙間**などを**通**して、**放射性物質**が**流出**する**心配**がある。

そして焦点の北九州へ

福岡市議会は結局、「専門的知見を活用し、知恵を結集して（がれきの受け入れを）検討を開始すること」を市に要請する決議案を提出できなかった。無所属議員の活躍に加え、共産党の議員団が決議案の共同提出に加わらず、慣例で全会一致を原則としてきた議会運営に見通しが立たなくなったからだ。

福岡市の高島宗一郎市長はもともと、受け入れに慎重姿勢を見せていた。そのため、福岡市での焼却はこの時点で困難になったといえる。

福岡市発行の「ふくおか市政だより」（二〇一二年四月一五日号）に、「災害廃棄物の受け入れは困難　福岡市独自の理由」として前述の廃棄物処理の「福岡方式」が掲載され、福岡市民は、市が震災がれきを受け入れないと知ることになった。

福岡市議会はその後、二〇一二年五月になって「災害廃棄物の処理については、国が主体となって国の責任の下に進めること」など四項目の国への意見書を採択したが、もはや、市に震災がれき受け入れを求めるものではなかった。

もっとも、この三月は福岡市以外の動きもめまぐるしかった。

福岡県議会は三月二七日、「東日本大震災による災害廃棄物の早期受け入れに関する決議」を採択し、県内自治体に受け入れ促進を求めている。こうした動きに対して四月一日、「フクオカ住民投票の会」をはじめとする団体が集まり、「がれき問題を考える会・福岡」を結成。早速、知事に申し入れを行うなどの活動をつづけた。

北九州市が震災がれきの試験焼却を強行したのは、そんな最中、五月二二日である。

じつは北九州市の北橋健治市長はそもそも受け入れに熱心だった。

市議会の「促進」決議を受けた後の二〇一二年三月一九日の市議会では、「復興に貢献するには現実的に行動する必要があり、試験焼却の方法などを検討する」と表明し、「現実的行動」という表現で受け入れ検討を正式に表明している。

すると、同月の二五日、細野豪志環境相(当時)が北九州市を訪問し、北橋市長に対し、宮城県石巻市のがれきを受け入れるよう要請した。報道によると、細野大臣は「石巻市では(通常の一般廃棄物の)一〇〇年超の(量の)がれきが発生し、被災地で一番厳しい」と強調し、北橋市長は「ぜひ具体的な協議に入りたい」と応じている。

「一〇〇年超のがれき」という見積りはその後、あっけなく瓦解してしまうのだが。

焼却が始まる前日の五月二一日、北九州市で市民団体主催の「北九州市がれき問題市民検討会」が開かれ、会場は約二〇〇人の市民で満席になった。会場外の廊下には入りきれなかった市民が、やはり約二〇〇人もいたという。

試験焼却の当日、石巻市から震災がれき約八〇トンが船で到着した。小倉北区の不燃物保管施設「日《ひ》明《あがり》積出基地」に搬入される際、現地では反対する住民が抗議をくり返し、逮捕者も出る事態となった。

同月末には、市が専門家による検討会議も開いた。

西日本新聞の報道によると、この席上、試験焼却の結果は「安全性に心配ない」との見解が示された一方、環境省の担当者は放射性物質の拡散を懸念する住民らの声に対し、「悪意ある情報が流布された場合、厳然たる態度で臨み、責任を追及する」とまで述べたという。

本焼却へのヤマ場は、六月六日だった。がれきの受け入れに関する市主催のタウンミーティングが、北九州市国際会議場で開かれたのである。

会場には、北九州市だけではなく、福岡市や熊本市など九州各地、さらには山口県からも市民が駆けつけた。会場は約五〇〇人で立ち見が出るほど。施設内の別室での「モニター視聴者」も含めると、集まったのはおおよそ一〇〇〇人に達したとされる。

最後に行われた約三〇分間の質疑では、「賛成」意見は一人だけ。清掃工場近くの住民は、試験焼却時の頭痛や鼻血などの健康被害について質問。さらに、試験焼却の前と後の物質収支計算から、「所在がつかめない放射性物質があるのではないか」とも問うた。

報道では、「参加者の多くは県外」「怒号が飛び交った」とされたタウンミーティングだったとはいえ、北橋市長ら市側は、参加者を納得させる根拠を示せないままだと思えた。

北橋市長による受け入れの正式表明は、二〇一二年六月二〇日だった。

約四万トンを北九州市の清掃工場（日明工場）で焼却し、響灘に面した北九州市の埋立地で埋め立てるという。

これに対し、住民らは八月三日、八億五〇〇〇万円の震災がれきの焼却・埋め立て関連予算の執行停止を求める住民監査請求を行った。しかし、請求は却下。すると、八月一六日、わたしたち住民は北九州市長に対し、申し入れを行なった。

その内容を抜粋して以下に記しておく。

震災がれき問題の核心的な疑問を端的に示した内容である。

●**宮城県**が**北九州市**に**処理再委託**する**震災**がれきは**現存**しているのですか。

●**震災**がれきの**焼却**に**関係**して、**北九州市**は**放射能**と**有害物質**の**被害**から**住民**を**守**るため、どのような**安全対策**を**講**じているのですか。

●**震災**がれき**受け入れ**に**関し**、**土壌・大気・水系**など の**放射能・有害物質**による**環境汚染防止対策**をどのように**立て**ているのですか。

●**五月**の**試験焼却**の**費用**が**八月八日段階**に**至**っても、**宮城県**に**業務委託請求**がなされていないのは、どうしてですか。

二〇一二年九月、北九州市はついに焼却を始めた。西日本で初めての震災がれき焼却である。

まず一三日、北九州市の太刀浦に接岸された船から宮城県の震災がれき八〇〇トンが陸揚げされた。清掃工場の日明工場前には多くの市民が集まり、「がれきはいらない」「焼却やめろ」など抗議の声をあげた。

そして一七日、焼却が始まり、一八日には埋立地で焼却灰の埋立投棄が始まった。

ところが――。

年が明けた二〇一三年一月一〇日、突然の「終わり」がやってきた。

この日、宮城県の若生正博副知事が北九州市を訪問し、北橋市長に対し、この年の三月末で、宮城県はがれき処理を終えると表明したのである。予定を大きく上回る、前倒し。北九州市での焼却は予定より半年も早く終る。

報道によると、若生副知事は「うずたかく積み上がったものをどんどん搬出すると、思った以上に土砂が多かった。(もっと量があると思っていたが)見抜けなかった」と発言している。

結局、あの問題は何だったのか

遠く東北から九州へわざわざ運ばれた震災がれき。逮捕者まで出しながら焼却を強行した一連の問題は、結局、何だったのか。

私たち「がれき問題を考える会・福岡」は二〇一三年八月、北九州市で開かれた「ハイキブツさよなら集会」において、住民運動の経過やねらいをまとめて報告した。

その趣旨を記しながら、「北九州ケース」の実状をまとめておこうと思う。

北九州市は、今年三月末まで、約二万二六〇〇トンの震災がれきを宮城県石巻市から搬入して市内の三つの焼却場で焼却、焼却灰を響灘に面した北九州市の処分場に埋め立てました。放射性物質、有害な化学物質や重金属などが、その処分場や焼却工場から外界に漏れ出し、大気と海や川、大地を汚染し、私たちの生存権を脅かしました。

被害を知るにつけ、私たちは、北九州市で燃やしてはいけないものは、被災地・全国各地で燃やしてはならない、と確信しましたが、政府や北九州市は、設定「安全基準」以下なら、健康と環境に影響を与えないと市民を欺罔し、震災がれきの広域処理を図り、結果として放射性物質などの有害物質被害を拡散させました。

わたしたちは、福岡市や山口県など広域に及んだ健康被害の愁訴を聞くにつけ、いわば汚染源である国や行政に環境と人体への影響調査を求めるだけでは、私たちの生命が全うできなくなるとの認識のもと、私たち市民が影響を調査することが大切であると決意しました。「市民による科学」の試み、と私たちはよんでいます。

北九州市の計画では、二年間で約六万二〇〇〇トンの震災がれきを受け入れる予定でしたが、中止を求める市民の抗議を前に、翌年の受け入れを中止しました。

しかし、北九州市による震災がれき焼却の灰や残滓は拡散され、埋め立てられ、自然・環境と人体に残されたままになっています。震災がれきの総量は約二万二六〇〇トンです。

震災がれきとともに持ち込まれた放射性物質は、北九州市が説明する上限値一〇〇ベクレル（Bq／kg）だとすると、約二二億六〇〇〇万ベクレルが持ち込まれ、処理されたことになります。注意すべき事実は、北九州市の説明通り、焼却施設のバグフィルターで九九．九％除去されたとしても、二二六万ベクレルの放射性物質が拡散されていた、という事実です。二五ベクレルと少なく見積もっても、五六万五〇〇〇ベクレルの放射性物質が焼却工場から拡散された。その事実に変りはありません。

もっとも、バグフィルターによる九九・九％の放射性物質除去率という説明は、市民の計算によってその信頼性が崩れました。北九州市が公表した放射性物質数値を基に計算したところ、除去率は実に六〇％～五〇％台に低下していたことが明らかにされたのです。

降下ばいじん法による放射能検出調査は、放射性物質が焼却工場から空中に多量に放出され、大気と大地に降下堆積していることを明らかにし、この計算結果を実証し、環境異変と健康被害との関係性を明らかにすることを目的としていました。

そのため、私たちは今年（二〇一三年）三月末、北九州市内と山口県の一七ヵ所で、一リッター試料瓶で七〇個の試料を採取しました。北九州市が同月末までに行った宮城県石巻市の震災がれき受け入れ処理と、それに伴う同市内の三つの清掃工場での焼却。それに起因する環境破壊と健康被害について、降下ばいじん法による調査を実施するためです。

七〇の試料うち、五ヵ所で採取した試料五個を京都大学原子炉実験所に搬送し、分析検査をしてもらいました。その結果によると、「いずれの試料からもセシウム134は検出できなかった」「検出したセシウム137は大気圏内核実験の影響のレベル」でした。と結論されています。

問題は後者のセシウム137です。

分析結果のうち、五カ所のうち四か所について、降下量を算出したところ、焼却工場の近くでは、降下セシウム137が比較的に高い数値を示したのです。京大原子炉研実験所と同等か、それ以上の精確の分析を行えば、各地域におけるセシウム137などの降下量が算出できます。そのうえで、焼却工場からの距離による放射性物質分布の分析が進めば、降下放射性物質は、宮城県の震災がれき焼却由来のものであることが高い確率で明確になると考えています。

北九州市内では、使用されたマスクからもセシウムが検出されました。「北九州の大気も東北・関東並みの汚染度。がれき焼却しか原因は考えられない」と伝えられています。

私たちと次世代に対する責任として、市民自身による「降下ばいじん調査」などの具体的調査と専門機関での分析検査による環境汚染・健康被害の実態検証、そして、震災がれき焼却との関係を解明することは、不可欠だと考えています。それらは、原発とその事故のへの責任を電力事業者など企業、国並びに地方自治体の責任を追及する根拠となります。

あとがき

二〇一五年三月三一日、環境省は「放射性物質汚染対処特措法施行状況検討会」を立ち上げて「放射性物質汚染対処特措法」見直しの検討に着手した。二〇一五年二月一六日付の建設通信新聞によれば、二〇一五年夏ごろには「特措法」施行状況の点検結果をとりまとめるそうだが、現時点で「見直しの方向性」や「点検項目」などの詳細は不明だ。

しかし、福島県双葉町および大熊町に整備予定の「中間貯蔵施設」や、宮城、栃木、茨城、群馬、千葉の五県に整備予定の「最終処分場」等の計画に地域住民が強く反発しており、政府・環境省が思い描くように指定廃棄物の処理は進んでいない。

加えて、福島第一原発は事故収束の目処がまったく立っておらず、事故から四年が経過した今でも毎日一〇〇億ベクレル単位の放射性物質が環境中に漏れつづけており、このままだと「特措法」が「恒久法」になりかねない状況にある。

この延長線上にあるのが、本書で何度も紹介してきた「特措法」と「原子炉等規制法」の二重規制解消を狙った放射性物質の大幅な規制緩和だ、と筆者は考えている。

なぜなら、原発事故以降は政府が汚染資材のリサイクルを推奨しており、この対応を政府が「問題ない」と主張し続けるためには、クリアランスレベルを「特措法」基準（一キログラムあたり八〇〇〇ベクレル）並みに規制緩和することが一番の近道だからだ。

これを裏づけるかのように、二〇一四年一二月二二日付の朝日新聞は、環境省の「指定廃棄物処分等有識者会議」において「再利用の基準は、指定廃棄物の一キロあたり八〇〇〇ベクレルなのか他の基準なのか整理する必要がある」などの意見が出た、と報道している。

そしてこの規制緩和により、従来は黄色いドラム缶に入れて六ヶ所村に運んでいた放射性廃棄物が、全国各地にある普通のゴミ処理場で焼却・埋め立て処分されるようになる。さらに焼却灰や汚泥などは資源としてリサイクルされ、日本中を循環するようになるだろう。その時こそ、日本列島が文字通り「核のゴミ捨て場」となる日だ。

この四年間の住民運動を振り返れば、震災がれき広域処理問題は、いち環境問題を通り越して、この国の「似非民主主義」を象徴する事件と見ておく必要があると思う。

政府が一度決めたならば、数字を誤魔化してでも、法律を改正してでも、最後までやり通そうとする「無謬性」へのこだわり。

被災者が生活再建するための復興予算にもかかわらず、一度獲得した予算は被災地以外にばらまいてでも使い切ろうとする「予算消化主義」。

市民から具体的な証拠とともに多くの矛盾点を突きつけられても、政府や自治体を庇い行政のチェック機関として機能しない議会やマスコミ。

震災がれき広域処理問題に取り組んだ多くの住民たちは、こうした高いカベを目の当たりにした。

そして、今の日本の政治状況が「似非民主主義」かも知れないと気づいた。

戦後五〇年以上かけて構築された今の政治状況を、一気に変えることはできないだろう。

しかし、この住民運動を通じて「気づいた」市民一人ひとりが、今後も同じ思いで行動し続ければ、地域から少しずつ状況を変えることは可能だと思う。

筆者は、全国にいるそうした住民たちといっしょに、これからも行動しつづけようと思う。

そして本書が、同じ方向を目指す住民たちの「羅針盤」になれれば幸いである。


最後に、本書の出版にあたり貴重な報告を寄稿して下さった池田こみち氏、各地の住民活動について報告して下さった大関ゆかり氏、宮崎さゆり氏、永田雅信氏、石川和広氏、本多真紀子氏、脇義重氏、編集作業でお世話になった旬報社の田辺直正氏、そして本書の出版企画から編集助言まで常に筆者をサポートしつづけてくれた高田昌幸氏に、この場を借りて厚く御礼申し上げます。

二〇一五年四月

沢田　嵐

市民による〃執念〃の記録——本書を読むにあたって

ジャーナリスト
高田昌幸

東京電力福島第一原子力発電所が未曾有の事故を起こした後、ずっと考えている二つの事柄がある。いくつかのエピソードを紹介しながら、「二つ」の意味を再考したい。

原発事故の数ヵ月後、宮城県仙台市に足を延ばし、篠原弘典さんに会った。当時六四歳。東北大学で原子力を学んだ篠原さんは、在学中からその破滅的な危険性に気づき、生涯を賭して「原発反対」を唱えた人である。事故の後、脱原発の論客として急速に知名度の上がった一人に、小出裕章氏（元京都大学原子炉研究所助教）がいる。篠原さんは東北大で小出氏の二年先輩に当たり、学生時代はいっしょに原発反対の集会に出掛けたという。

「私らも本当によく議論した。校舎の片隅でね、『科学なり、技術を社会の中で問い直すべきだ』と。『原子力が内在する危険性をもっと明らかにすべきだ』と。小出君とも、しょっちゅう議論しました」

篠原さんは、電力会社や原子炉メーカーなどへの就職を考えず、学者になる道も選ばなかった。その代わり、鳶の仕事に従事し、昼間は現場仕事で夜は研究に費やす人生を送る。暇があれば、最新の研究論文を読みあさり、市民を前に地域で原発の危険性を訴えつづけた。

仙台で会った際、夕方、指定のホテルに現れた篠原さんは現場仕事の作業着姿だった。長いインタビューの最後、篠原さんはこう話している。

「私、いつも生きることの意味を問いながら、この歳までやってきたんです。『こういう事故を見ないで人生を終わりたかったな』と心底、思います。でも、私の人生はまだある。(鳶職の建設会社は定年になったので、今後は)植木屋をやりながら、これからもやることはいっぱいあるんです」

篠原さんのインタビューは『@Fukushima──私たちの望むものは』(産学社、二〇一一年)という書籍にまとめ、出版した。本の中では、立場の微妙に異なる計三四人の「ふつうの人びと」がそれぞれ長いインタビューに答えている。原発を推し進めた大熊町の元町長も登場する。

そうした人びとに対する社会の目線はどうだったか。

答えはたくさんあるだろうが、「これだけは言える」と当時強く思ったことがある。『こうした、いわゆる普通の人びとの声は社会でほとんど顧みられることがなかった」ということだ。

なぜか。

大きな理由の一つは「マスコミがまともに取り上げてこなかったからではないか」との疑いを私は持っている。

マスコミは「現代の拡声器」でもある。インターネットが発達し、普通の人びとも自在に情報を発信できるようになったとはいえ、一度に何百万人もが視聴するテレビや何十万部、何百万部もの部数を持つマスコミとの関係で言えば、個人の情報発信は今なお、ミニコミに近い。

そうしたマスコミ＝巨大企業が次から次へと、「政府」「電力会社」からの情報を長らく、湯水のように流してきたのである。ニュースの主語はほとんどが政府や経済産業省、電力会社であり、トータルで見て、篠原さんのような人びとの声がそれらを量的に凌駕することはなかった。

小さな声が社会になかなか伝達されない状態は、時にとんでもない結末をもたらす。アジア太平洋戦争の敗戦しかり、原発事故しかり、である。

事故後に頭を離れない、もう一つのこと。それは、異様という他はない東京への一極集中であり、一点目と重なり合う部分も少なくない。

原発事故の計画停電騒動を記憶されている方も多いと思う。計画停電は政府・東電の発表をマスコミが拡声器として動くことで、さらに広く喧伝された。あの時ほど「情報発信の東京一極集中型」を思い知らされたことはない。

この場合の東京は地理的概念ではない。行政機能の中央集権と表裏の関係にある一極集中を指すのであり、何でもかんでも「東京」を中心に考え、行動してしまう病理と裏表である。

それは、非常時だけでのものではない。たとえば、「最近の若者は閣僚の名前すら言えない」と嘆く人びとの、いったい何人が、自らの地域の首長名や議員名を覚えているだろうか。

本書は、そうした人びととは正反対の位置に立つ人びとの行動記録である。簡単には引き下がらないという意味で、執念の記録と言い換えてもよい。

何かに疑問を持ち、考え、調べ、人に会い、議論し、また疑問に立ち返り、といった行動を繰り返す。それらを積み重ねた先に見えてくるのは、社会に広く喧伝されてきた内容とは大きく異なってい る。

通読すればわかるように、本書の主たる舞台は「名古屋」「東海」であり、「富山」「堺」といった「地方」である。一部を除き、書き手の大半は著名人でもない。ごくごく普通の人びとがパソコンのキーボードを叩いて文章を紡いだ結果であり、大所高所からの「高説」はほとんどない。

しかし、ブロガーの沢田嵐氏をはじめ、本書の執筆者たちは全員が粘り強かった。中央からシャワーのように降り注ぐ情報の中で、疑問を捨てきれず、常に動きつづけた。だからこそ、専門家や権威の脆さを原発事故で十分に学び、怪しさすらも感じる市民にとっては、本書は十分に役立ち、読み応えも備えていると思う。

私自身も放射能や原子力の専門家ではない。前掲の書籍以外に「福島」「原発事故」「放射能」をまとまって取り上げたこともない。それでも、最初に本書の原稿を読んだときは、随所で目を見開かされる思いだった。

冒頭で紹介した仙台市の篠原さんのように、少なくとも私は「いつも生きることの意味を問いながら」日々を過ごしたいと考えている。そして、じつは大勢の人びとも同じ考えを持っていると感じている。

本書はそうした人びとのためにある。

沢田 嵐（さわだ・あらし）

ブログ「あざらしサラダ」管理人、高知市出身。東日本大震災以降、食の放射能汚染に危機感を持ち、東海地方を中心とする市民団体のネットワーク「未来につなげる・東海ネット」が名古屋市内に立ち上げた「市民放射能測定セ ンター」（通称：Cラボ）発足時からの測定ボランティアスタッフとして、2年半にわたり食品や土壌などの放射能測定を実施。原発事故後は汚染の拡散に繋がりかねない放射性廃棄物問題についてブログで情報の整理と発信をつづけ、「震災がれき広域処理」のテーマで約200本の記事をエントリーするとともに、全国11個所で市民勉強会を開催するなど精力的に住民運動を展開。

日本が〝核のゴミ捨て場〟になる日

震災がれき問題の実像

2015年6月1日　初版第1刷発行

著者……沢田 嵐

ブックデザイン……宮脇宗平

発行者……木内洋育

編集担当……田辺直正

発行所……株式会社旬報社

〒112-0015 東京都文京区目白台2-14-13

電話（営業）03-3943-9911

http://www.junposha.com

印刷・製本……シナノ印刷株式会社

ISBN978-4-8451-1410-8